a Library

金沢城のヒキガエル

平凡社ライブラリー

Heibonsha Library

金沢城のヒキガエル

【競争なき社会に生きる】

奥野良之助

平凡社

本著作は、一九九五年九月、どうぶつ社より刊行されたものです。

目次

序章　雨の金沢城跡

北陸の春はおそい。冬の間、大地をおおいつくしていた雪はなかなか消えず、三月にはいってもあちこちに残っている。しかし、雪が消えるとともに春は急速に進む。桜のつぼみはみるみるふくらみ、長い冬眠から目覚めたヒキガエルは大挙して出現する。

ここ、金沢城本丸跡にある小さな池にも、毎年三月終わりから四月初めにかけて二〇〇匹近いヒキガエルが集まり、一年の最初の大仕事にとりかかる。だれに頼まれたわけでもないが、私は毎年そのヒキガエルを調べに出かけていた。

池の周りには、前足を突っ張り頭を昂然と挙げた、たくさんのヒキガエルが散らばっている。やがてやってくるメスを捕まえようと待ちかまえているのである。しかし、オスにくらべてメスの数はずっと少ないから、必死でメスを見張るオスの努力は報われないことのほうが多い。

私は、池の周囲をめぐりながら、そんなオスを片端から拾い上げ、標識を調べ体長を測る。そして、地図の上に記録しながら、ある一匹のヒキガエルのことをたえず気にしていた。「〝あいつ〟は、今年も無事に出てくるだろうか？」

いつもの場所でいつものように、〝あいつ〟を見つけて記録すると、毎年ほっと安心する。

彼と初めて出会ったのは、私がヒキガエルの調査を始めた年、一九七三年の秋のことであった。その時の大きさからみて、彼はその前年の一九七二年生まれのはずである。だから、その時まだ一歳半の子ガエルであった。それから数年、彼とは毎年何回も再会した。繁殖期だけではない。冬眠している間を除く春から秋まで、彼はいつも同じ時間に同じ場所へ、餌を求めて出てきていた。

彼と出会って六年目の春、一九七九年四月二日のことである。繁殖を始めたヒキガエルを調べるために、冷たい小雨の降るなかをいつものように本丸跡へ出かけた私は、いつもの場所で彼を見つけた。しかし、何となくようすがちがう。ヘッドランプの光をまっすぐあてると、彼の下にもう一匹のヒキガエルがいるではないか。なんと、彼は遂に彼女を得ることに成功したのだ！

彼は、前足を彼女の両脇に差し入れ、しっかりと抱きついている。彼女は彼よりもはるかに大きく、そしてよく太っていて、調べてみると標識はついていなかった。まだ私に捕まったことのないメスで、そのつややかな皮膚は彼女がまだ若いことを示している。おそらくこの春、初めて繁殖にやってきた四歳のメスだろう。彼のほうはこの時すでに七歳、最高でも一〇年あまりしか生きないヒキガエルとしては中年か老年の初めころ、ちょうど当時の私くらいな年齢であった。

七歳で初めて彼女を得た彼は、翌一九八〇年春の繁殖にも元気な姿を見せていた。だが、それが私の彼を見た最後である。一九八〇年のうちに、彼は八歳でその生涯を閉じたらしい。

私がこの本丸跡で捕まえ標識したヒキガエルは、全部で一五二六匹におよんでいる。そのなかで、私が特にこの個体にこだわっているのには、わけがある。初めて出会った時、一歳半にして彼は、左の後足が根元からない三本足のカエルだったのである。

その時私は、生存闘争の激しい生き物の世界で足を一本失ったカエルが一年半もの間よく生き延びることができたものだ、と感心した。同時に、何とかもっと生きてほしいと願いながらも、ふたたび出会うことはあるまい、と思ったことを憶えている。

私の予想ははずれ、彼はその後七年もの間元気に生き抜き、たった一度だけだったが、彼女を得ることもできた。これは、私が調べた金沢城本丸跡の全ヒキガエルのなかで、五本の指にはいるくらいのすばらしい生涯である。その秘密は、本性怠惰なヒキガエルのなかにありながら、ほとんど毎夜のごとく餌を求めて活動する、例外的に勤勉なカエルであったことにあるらしい。私との五五回におよぶ再会数がその勤勉さを証明している。

ダーウィンの進化論以来、動物の社会はすべてきびしい生存闘争の下におかれ、ちょっとでもおくれをとるとたちまち淘汰されてしまうことになっている。私はこの考えにはもともと疑問を持っていた。しかし、知らず知らずのうちに私も、生存闘争説に毒されていたらしい。だから、三本足の彼を見た時、長生きはできまいと決めつけてしまったのである。

でも、三本足のまま八年間も生き抜いた彼は、それほど生存闘争の激しくない社会もあるのだよ、と、私に身をもって教えてくれたような気がする。広い動物界のなかにはたしかに、きびしい社会もあるだろう。しかし、このヒキガエルのように、三本足の個体でも生きていけるおおらかな生活をいとなんでいる種も、現に存在しているのである。

それではこれから、そのおおらかで優雅なヒキガエルの世界へ、みなさんをご案内することにしよう。

第一章　金沢城のヒキガエル

魚から蛙への転向

夏の夜の対話

私が神戸市の須磨水族館（現・須磨海浜水族園）から金沢大学理学部生物学科へやってきたのは、今から二〇年あまり前、一九七二年のことであった。そのころ私の部屋には、ほとんど毎日何人かの学生がやってきて、すわり込んでしゃべっていた。夜になっても彼らは帰ろうとしない。それで、私も帰れない。学生は授業料を払い教官は給料をもらっている、だから学生は教官を自由に使う権利を有する、という、学生にもらしてはならぬ「秘事」をうっかり口走ってしまったものだから、教官である私に対する学生の態度はすっかり変わってしまった。使用者は労働者の労働条件を守る義務があり、むやみに超過勤務をさせてはならないという、労働基準法も同時に教えておくべきであった、とあとで思ったが、もうおそい。

とはいえ、久しぶりの学生との対話は面白かった。水族館の飼育係では議論の相手がなかなか見つからない。魚はたくさんいるがものを言わないし、お客さんを捕まえて議論をふっかけるわけにもいかない。逆にお客さんに捕まって、答えようのない難問を出されて弱ってしまうことは多かったが。仕方がないので、水族館や神戸市の偉い人を片端から言い負かして喜んでいたら、いつのまにか仕事を干されてしまっていた。

魚にくらべると叱られそうだが、魚とちがって学生はものを言う。一人ならともかく、数人まとめて相手にしたら相当手強い。大学卒業以来議論に飢えていた私は、連日連夜学生相手のおしゃべりを楽しんでいた。なったばかりでまだ大学教官としての「自覚」に欠けていた私は、教官として言ってはならぬことまで口走るものだから、学生のほうも面白かったらしい。そのかわり、なかなか教官らしくならないので偉い先生方にはよく叱られた。二〇年経った今は、大学教官としての自覚も充分でき、威厳をもって学生と接している。と言っておかないと文部省（現・文部科学省）に叱られる。

初夏のある夜、学生たちは金沢大学のキャンパス、つまり旧金沢城のなかに住むさまざまな野生の生き物の話を始めた。理学部付属の植物園になっている旧本丸跡には、江戸時代以来の老木が茂り、校舎の間にある内堀や周辺の斜面にもめったに人のはいらぬ林があって、ここ金沢城内には、都市の中心部にあるとは思えないほど自然がよく残っている。

この年の一月初めに私は金沢へきたのだが、着いたとたん、雷鳴とともに夕立のような雪が降ってきて、とんでもない所へきてしまったと後悔した。でも春になり、雪が融け、桜が咲くころになると、すっかり機嫌が良くなった。当時私は城のなかにある官舎に住んでいたのだが、その家のすぐそばに生えている樹の枝で毎日ウグイスがさえずるのである。その樹の下につないでおいた、神戸から連れてきた犬は、頭上から降ってくるこのウグイスの声におびえてしまって、家のなかへ入れてくれと言ってきかなかった。街育ちの彼女は、姿の見えないこのウグイスを怪獣とでも思ったらしい。たしかにウグイスの声は近くで聞くには大きすぎる。街なかにいる鳥は、やはりスズメがいい。

生物学科の学生は、さすがに城内の生物のことをよく知っていた。本丸跡のモミの大木にフクロウが毎年巣をつくり、時には雛が地上に落ちてくるとか、ムササビが夜な夜な樹から樹へととび移っているとか、カルガモが雛を連れて本丸の小さな池にいたとか。犬同様都会育ちの私には信じられないようなことが、この城内では起こっているらしい。昆虫嫌いが嵩じて海へ逃げだし、魚しか相手にしてこなかった私は、陸上の自然のことはほとんど知らない。それで、学生たちの生き生きとした話は、新鮮で興味深かった。

ヒキガエルとの出会い

話はそのうち、城内に住むヒキガエルのことに移った。

本丸跡には特にたくさんいるな。灯りを持たずにいくと、一匹や二匹はたいてい踏みつけてしまうよな。いや、一匹二匹ではきかないよ、何しろごろごろいるからな。

この時までに私は、ヒキガエルなる生き物に二度出会ったことがあった。最初は学生の時の解剖実習で、腹を開いて内臓をスケッチしたはずだが、覚えているのはつけ焼きにして食べた足の味だけである。あのころはまだ食料難時代だった。

水族館にいた時、お客さんから寄付されてやむなく飼育したのが二度目である。別のお客さんが、孵化後まもない小さなヤマカガシを持ってきた。ヘビを見るとカエルはすくんで動けなくなるという話がある。水族館は社会教育施設だから何でも試しておかなければならない。そこで、このヤマカガシをヒキガエルの飼育槽に入れてみた。やおら立ち上がったヒキガエルはのそのそと歩いてヤマカガシをのぞき込み、ぺろっと舌をくりだして頭から呑み込んでしまった。

そのヒキガエルがここから歩いて五分もかからない本丸跡に、足の踏み場もないほどごろごろいるという。ちょっと信じられないね、と言ったら、ではこれから見にいきましょうと言う。こうして私は学生に連れられて、初めて夜の本丸跡に足を踏み入れたのである。

ヒキガエルはほんとうにごろごろいた。

これが私の、野生のヒキガエルとの初めての出会いである。ヘッドランプで照らしながら、そこら中にいるヒキガエルを踏みつけないように歩いているうちに、何となく私はこのヒキガエルを調べることになりそうな予感がした。

彼らは、私が学生とかわす大きな声にも、学生の活気ある足音にも、ヘッドランプの強力な直射にも、一向に逃げようとしない。せいぜい上げていた頭を下げて地面にはいつくばる程度である。捕まえるのは落ちている石を拾うより易しい。私がこれまで相手にしてきた海の魚は、タツノオトシゴを除いて、ちっとやそっとで捕まるような、そんな生易しい生き物ではなかった。何しろ相手はもともと水中に住む動物である。スキューバを背負ったくらいのにわか水中動物が追いつけるしろものではない。同じ動物なのにこんなのんびりした生き物もいるのかと、私は心から感心した。

ヒキガエルは皮膚に強力な毒腺を忍ばせていて、好んで食べる動物は少ないらしい。また、その色と模様は枯れ葉におおわれた地面そっくりで、保護色になっていると言われている。もっとも、私の見たところその姿は丸見えだったが。ほとんど役にも立たない保護色を全面的に信頼しているところなど、相当おおらかな生き物にちがいない。

年齢をとって、すばしこい魚を相手にするのに少々疲れてきていた私の目に、こののんびりしたヒキガエルははなはだ魅力的であった。その上彼らは、私と同じ城内に住んでいる。しかも、現われるのは夜だけである。

これらの条件が、なぜ当時の私に必要だったのかは、しかし、少しばかり説明が要る。

学園闘争

今は昔の物語になってしまったが、一九六〇年代の後半、全国の大学で学生たちが叛乱を起こし、大学と大学教官とを追いつめていったことがある。私はそのころ水族館で魚に餌をやって暮らしていたから、直接体験したわけではない。しかし、こんなに激しくはなかったが、私も少しは学生運動にかかわったこともあり、他人事とは思えず、大学にいる友人たちからいろいろと話だけは聞いていた。

全国学園闘争は、しかし、学生たちが投げかけた問題を大学が何一つ解決できないうちに、権力によって圧しつぶされることになる。私が金沢大学へやってきた一九七二年には、ほぼすべての大学で学生の叛乱は終息していた。金沢大学でも、一時封鎖されていた教養部も平常にもどり、時々学生のマイクが大きな音でもう一つよくわからぬ論理を主張している以外、学内はおおむね平静を保っていた。

ところが、こともあろうに、私が着任した理学部生物学科の学生と院生だけが、しつこく運動を続けていたのである。といっても、ヘルメットやゲバ棒が働いていたわけではない。彼らはただ、教官全員が出席して教室の管理運営を決める教室会議を、毎回おとなしく傍聴していただけであった。時には笑い、たまにはヤジがとぶこともあったが。

これだけなら別に困ることはない。困るのは、教室会議でちょっとでも変な発言をしたり、少々ごまかしてものごとを決めたりすると、すぐさま「質問状」を持って学生が現われることである。そしてたいてい、学生の言うことのほうが筋がとおっているのだから、始末が悪い。

自分の研究は自分でする

学生の主張は、卒業研究や修士の研究のテーマを、自分で決めたいということであった。自分の研究は自分で決めて自分でするものだと、学生のころから思い込んでいた私は、こんなことが問題になっていること自体が不思議であった。教室会議で、よし、君たちは勝手に研究せよ、必要があれば手助けする、と決めれば万事解決である。ところが、学生のこの主張に、教官はしきりに抵抗していた。

その理由は、しかし、大学へ移ってしばらくするとわかった。

水族館にいた時、私はたくさん論文を書いて、大学に残っていた友人たちを感心させた。研究条件の悪い所でよく頑張っている、というわけである。水族館には図書もなければ研究費も出ない。学会へ出ようと思っても、文献を調べに行こうと思っても、旅費はおろか自分の休暇をとって行かねばならぬ。もちろん、指導してくれる先生も討論の相手もいない。その上、偉い人はいつも「ここは営業をする所で、研究する所ではない」と言う。これらはみんな事実である。もっとも、少々尾ひれをつけて言いふらすものだから、みんないっそう感心してくれた。

ただし、隠しておいた事実もある。私のいた須磨水族館は一九五七年に総工費一億二〇〇〇万円で建てられた。年間経費は五〇〇〇万円である。一〇数人の飼育員が、大小とりまぜ一〇〇以上の水槽に、世界中から集めた四〇〇種、五〇〇〇匹もの魚を入れ、毎日餌をやって飼育している。仕事の合間にこれらの魚をただ眺めているだけで、魚の行動についての資料はいくらでも集まる。研究費なるものはたしかにない。しかし、この水族館を私のために建ててくれた研究施設だと思いさえすれば、私の研究費は、建設費一億二〇〇〇万円、年間経費五〇〇〇万円となる。これだけもらっている大学の先生はいるまい。ただし、水族館でサルの研究をしたいと思ってもしにくいが。

ところが、大学へくるとそうはいかなくなる。魚の行動の調査を続けようと思ってテーブルタンクを二つ三つ買ってもらい、熱帯魚を飼い始めたのだが、自分で水は換えねばならず餌はやらねばならず、水族館でのあまりにも恵まれた条件に慣れすぎていた私は、早々にあきらめてしまった。自由に使える研究費が少々出たとしても、これはほんとうに少々で、私のいた生態学講座で年間二〇〇万円くらい、当時所属していた教官・院生・学生二〇人で割れば一人一〇万円にしかならないのだが、私がこれまでやってきたような魚の行動の研究など大学ではとてもできないことを、大学の先生になってようやく理解できたというわけである。

大学へきてもう一つ気のついたことがあった。水族館は研究しなくてもいい所、いや、研究してはいけない所であった。大学は研究しなくてはいけない所である。二年に一つは論文を書かなくては大学教官の資格はない、などとおどされることもある。こうなると、調べたことが必ず論文になるような研究をしなければ、地位が危なくなる。いつまでかかるかわからない、調べてみてもうまく結果が出る保証がないような研究はやりにくくなる。すると、研究が禁止されている水族館のほうが、大学よりはるかに研究の自由があることになってしまう。結果が出ず、論文にならなかったとしても、怒られるどころか誉められるのだから。

そこで大学では、必ず論文にできる研究の技術が開発されている。論文の絶対必要条件はただ一つ、「新事実」である。どんなにつまらぬことでも、それまで発表されていない事実が一つでも含まれていれば論文になる。そこで、毎年たくさんやってくる無給の労働者、学生と院生を使うことになる。四年生には一年で、修士コースの院生には二年で、自分の研究している範囲のなかからうまくまとまりそうなテーマを与え、研究をやらせる。学生・院生が一〇人いたら、それに自分の名前をつけ加えて、労せずして一〇編の論文がつくれるというわけである。学生が、自分の研究は自分でやりますから先生も自分の研究は自分でしてください、と言ってきたら、実際に言ってきたわけだが、教官はお手上げにならざるを得ない。

学生におされ、生物学科の教室会議はとうとうテーマを決める権利を学生に認めてしまった。学生は生き生きしてきたが、教官は困って何とかもとへもどそうとする。そして、あらゆる問題で意見が対立し、教室会議は毎回大いにもめ続けた。週に二、三回開かれることもしばしばで、時には深夜におよぶこともあった。

私は、きたばかりの新米だから、何もわかりませんという顔をしてすわっていればよかったのだが、そして少なくとも一年間は黙っていようと固く決心していたのだが、教官と学生のやりとりがあまりに面白く、というのは、論理的なことを言うのが学生で非論理的なことしか言わないのが教官だったからであるが、つい浮かれて一言発言したのが身の破滅となった。たちまち論争に巻き込まれ、足腰はともかく口だけは鍛えてあったのが災いして、教授と学生の両方を言い負かして喜んでいるうちに、だんだん深みにはまり込んでいったのである。

当時、私が研究にとれそうな時間は、夜の二、三時間だけであった。それで、本丸にごろごろいるヒキガエルを見た時、これなら何とか調べることができそうだと思ったわけである。

教室会議解散

しかし、夜の二、三時間さえとれないような状況がずっと続いていた。私が、それまでの教官とはちょっとちがう妙な議論を展開するものだから、学生どもが面白がって入れ代わり立ち代わり私の部屋へやってくるのである。彼らを観察していると、学生にも日周期活動のいろいろな型のあることがわかった。私は部屋にカギをかけたことがないので、私が出勤する前に部屋へはいりこんでいる学生がよくいた。これを朝型とすれば、午後になって出てくる昼型もいる。夕方になって生き生きしてくる夜型には困ったが、いちばん大変だったのは夜の一二時近くになって出てくる深夜型であった。彼らは三部交替制、いや、四部交替制でくるのに、迎えうつ私のほうは一人勤務だから、議論がいかに面白くとも身体がもたない。まして調査に出かける余力も時間もなかった。

そうこうしているうちに一年が経ち、一九七三年になった。そしてこの年の五月、あまりにしつこく追及してくる学生・院生に音をあげた教授は、遂に教室会議を解散してしまった。今後は教授が独裁で教室を管理運営すると宣言したのである。

学生と院生とは当然のことながらいきり立ち、連日のように教授団交を開いて追及した。私たち教授以外の教官、つまり助教授・講師・助手・教務助手は、それまで教室会議の一員として曲がりなりにも管理者側に属していたのだが、一瞬にして被管理者に転落してしまい、やむなく「非教授会」という変な名前の組織をつくって、学生とは別に教授会と対立せざるを得なくなった。そして、今日は教授を追及していたかと思うと明日は学生に追及されるといった、ややこしくて忙しい毎日をおくることになってしまったのである。

でも、一つ良いことがあった。あれだけ毎日きていた学生が、私の部屋にまったくこなくなったことである。今はいい格好をして教授追及の姿勢を見せてはいるが、非教授といえども本質は同じ文部省から給料をもらっている教官だ、うかつに信用はできないと、考えたのだろう。この学生の不信感は正しかった。少し後に、非教授会は教授と妥協をはかって学生に打倒されることになる。

それはともかく、教室会議が解散され、学生がこなくなったおかげで、私はちょっと暇になった。ヒキガエルを調べる条件がやっとととのったのである。

健康保持と保険のための研究

もっとも、条件がととのったからといって、すぐに研究を始めなければならぬこともなかった。当時の生物学科の研究はほぼ全面的にストップしていたし、もともと私は「業務」に熱心なほうではない。にもかかわらず私が少々無理をしてヒキガエルを調べ始めた理由の一つは、何か生き物に直接ふれてみたいという気持が強くなってきたことにある。

ずっと生物学をやってきていて、今ごろこんなことを言うのは気がひけるが、私はとりわけ生き物が好きだということはない。しかし、ややこしい人間関係にくたびれた時、生き物を相手に息抜きする程度には好きである。人間、たまには息を抜かないと病気になる。金沢へきて一年半、私は人間以外の生き物とごぶさたしていた。

もう一つの理由は、はなはだ現実的で功利的なものである。大学教官、とくに私のように一言多い大学教官は、少しは研究らしきことをしていないと身分が危なくなる。身分保全のために保険の一つくらいはかけておかねばならない。

ずっと魚を調べてきた私が、この年齢になって急に蛙に変わったものだから、友人がみんな不思議がった。相手によっては、健康と保険のためなどと本音を言うわけにはいかないこともある。それで、こんな理屈をつけた。今を去る三億年の昔、魚が陸に上って両生類となり、爬虫類を経て哺乳類へと進化した。陸に上らなかった魚はいまだに魚でとどまっている。大きく進化するには陸に上らなければならない。そこまで説明するのが面倒な時は、エヴェレストに初登頂したヒラリ卿の言葉「そこに山があるからだ」を借りて、「そこにカエルがいたからだ」ですませることにした。もっとも、手近な本丸跡にヒキガエルがいたからこの研究は始まったわけで、これがいちばん真実に近いのかも知れない。

ヒキガエルのすべて

論文中毒

大学にくらべて水族館は研究しやすい所である、と前に書いた。しかし、より正しくは、論文をつくりやすい所である、と言うべきであった。研究するのと論文をつくるのとは、関係はあるが別のことである。

朝、水族館に出勤し水槽をひととおり見て回る。その時、ある水槽の魚が、これまで見たことのないような行動をしたとする。そしてそれが、これまで論文として発表されていない行動であれば、その時論文が一つできあがったことになる。科学論文の条件はただ一つ、まだ学界に報告されてない新事実を含むことだからである。その新事実が生物学にとって重要性を持つか持たないかはどうでもよい。もちろん、重要であるに越したことはないけれど。

さて、新しい行動を一つ見つけると、ストップウォッチとカウンターを持って水槽の前に立ち、どんな条件の時、単位時間に何回その行動が現われるかを数える。科学論文の第二の条件は数字で示すことである。すでにほとんどできている論文のなかに、こうして得られた数字を入れると、論文は完成する。

論文を増殖させる手品もある。それがアケボノチョウチョウウオで見つかった行動なら、フウライチョウチョウウオで調べてみる。近縁の種ならたいてい同じようなことをやっているから見つかる可能性は高い。チョウチョウウオの仲間は一〇〇種近くいるから、名前と数字を入れ替えるだけでどんどん論文は増えていく。もしその行動をしないチョウチョウウオが見つかったら、また何か理屈をつけて論文にすればいい。

これほどひどくはなかったが、まあ似たようなやり方で、私は際限のない論文生産に突入した。一年に六つも書いたことがある。二か月に一つである。私が学界に提供した「新知見」は、だから、相当な量になるはずだが、その「価値」については証言を拒否しておこう。私の新知見は、二〇数年前、『磯魚の生態学』（創元新書、一九七一年）という本にまとめて書いておいたから、確かめてやろうという奇特な方がおられたら、読んでみていただきたい。

こうしたことを続けていると、しまいにたえず論文を書いていないと精神不安定におちいるようになる。論文書きを中断すると禁断症状が起こるのである。これを論文中毒、略して「論中」と言うと、大学にきてからある同僚の先生に教えてもらった。もっとも、その先生は明らかに冗談中毒の症状を呈しておられたから、あまり信用はできない。

当時、金沢大学切っての有名教授であった化学科のある先生は、常々学生に、「君たちは、まず研究してそれから論文を書く、と思っているだろう。それでは大物になれないよ。研究する前に論文はできていなくちゃいけない」と言われたそうである。私には、大物になれる素質があったのだ！

なのになぜ大物になれなかったのか？　ある日、ふと我にかえってしまったのがいけなかった。研究する前に結果のわかっているようなことを調べて、何の意味があるのだろうか？　ただ論文をたくさん書いて、業績を上げて、威張りたいだけじゃないか。

不思議なことがあって、どうしてだろうかと疑問を持つ。ほんとうの研究はそこから始まるはずである。そこでいろいろと調べていくことになるが、自然はなかなか意地悪でその秘密を公開してくれない。調べ方を工夫し、あれこれ考えなければならぬ。ようやく一つわかると、わからないことが三つくらい増え、研究は永久に終わらない。終わるまで調べていると一生かかるから、適当なところで、わからないことはわからないとしておいて、わかったところまでを論文にまとめる。これが本来の研究であり、論文である。

ひとこと注意しておこう。こんなことをやってると一年や二年で論文は書けない。論文がたくさんなければ大学や研究所では研究者として雇わないことになっている。どうしてもプロの研究者になりたい人は、だから、結果のわかっている、しかも新知見が含まれたテーマを教授からもらい、一年に二つも三つも論文を発表し続けねばならない。これを二、三年も続ければ論文中毒患者になり、量産体制が確立する。こんな人が増えるとパルプの消費量が上がり、世界の森林の伐採が進むから、あまりお勧めしたくはないのだが、私も人一倍、と言いたいところだが人一〇倍くらい、パルプを消費しているほうだから、あまり偉そうなことは言えない。

プロにならなくてもよいが研究はしたいという人は、食うための職業を別に持って、暇な時間に自分のやり方で、わかるまで調べればよい。論文にしなくてもよいのだから、このほうがずっと本来の研究になる。その上、私の経験から言うと、論文つくりの研究は論文ができるだけだが、論文のことを考えずにわかるまで調べた研究は、自分自身のなかにいろいろなものを残してくれる。

ペンギンの離婚率

論文中毒から回復して研究意欲を失ったころ、一言多い悪癖の報いで、私は水族館で仕事を干されてしまった。研究しなくなった上に仕事もなくなったのだから、まさに暇をもてあますようになったのである。こういう時は勉強するにかぎる。私はそれまで、なかなか読めなかった本をいくつか読むことにした。そのなかに『リヴィング・バード・オブ・ザ・ワールド（世界の現生の鳥）』という本があった。水族館にいてなぜ鳥なのかと聞かれたら困るが、鳥にも水鳥なるものがいる。そのうちペンギンを飼えと言われるかも知れないではないか。

そのペンギンの研究の話が、この本に載っていた。ニュージーランド南端に住むグランドペンギンを研究したリッチデールという学者の話である。彼は、オス八八羽、メス九六羽に標識をつけ、一〇年間に九三七回も調査し、個体別の記録を山ほど集めた。こうしてグランドペンギンの生態はあますところなく明らかになったのだが、なかでも私が感心したのは、人間同様一夫一婦制をとっているこのペンギンも時に離婚することがあり、その離婚率が一八％であることまでつきとめた点であった。

ペンギンの離婚率がわかったところで何ということはないのだが、真の研究はこうでなければならぬと、論文中毒から抜け出したばかりの私は大いに感激した。リッチデールは必ずやペンギンの気持までわかるようになったにちがいない。どうせ研究するならそこまで行かねばならぬ。

ヒキガエルの気持

ヒキガエルの研究を始める時、その動機は健康保持と保険のためという不純なものであったにもかかわらず、いや、そうだったからかも知れないが、そのやり方は断固リッチデールにならおうと決めた。少なくとも一〇年はかけ、ヒキガエルのすべてを調べ、その気持がわかるようになるまで調査を続けようと決心したのである。一夫一婦制ではないヒキガエルの離婚率は計算できそうにないが。

この場合、魚から蛙に対象を変えたことは、かえって都合がよい。いくら勉強嫌いの私でも、二〇年も研究していれば、魚については相当たくさんのことを知っている。魚相手ではその「学識」が邪魔をして初心にもどれそうにない。蛙のことはほとんど知らない。その道の専門家には常識となっているようなことでも、新鮮な興味を持って調べることができるにちがいない。そのためには、あらかじめ蛙に関する文献など読まぬほうがいい。もっともこれは、書くのは好きだが読むのは嫌いな私の自己弁護でもある。

それではしかし、すでに発表されていることのくり返しとなって論文にならず、健康にはよくても保険の役には立たないのではないかと、心配して下さる人がいるかも知れない。そのあたりは、すでに二〇数年の研究歴を持っているから、充分心得ている。当時、日本のヒキガエルについてはほとんど研究されておらず、何年生きるかさえわかっていないことくらいは、ちゃんと知っていた。欧米人は日本人とちがってヘビやカエルに偏見はなく、研究も論文も多いが、そこは万国共通の数学や物理学とちがって、生物学には地域性というものがある。ヨーロッパヒキガエルでは調べられていることでも、ニホンヒキガエルでわかれば「新知見」なのである。さらに、ニホンヒキガエルでわかっていることでも、金沢城本丸跡のヒキガエルについてはまだだれも調べていないことははっきりしている。ノーベル賞はあたらなくとも、保険の役くらいには充分立つ。

私の調査は九年目で挫折した。あとで述べるが、本丸のヒキガエルが絶滅してしまったからである。調査回数は三九九回でリッチデールの九三七回にははるかに及ばなかった。でも、リッチデールは、連日のように続く団交や学生の追及などにさらされてはいなかっただろう。もっとも、私の調査は、その忙しかった最初の五年間に集中していて、暇になった後半は急に少なくなっている。闘争していた学生が卒業していき、教室が静かになると私の研究意欲も衰えてしまったことを示すデータであり、できれば隠しておきたいところなのだが。

調査が終わり、いよいよ論文にまとめるべく資料を整理した。おおかたの資料を無駄にしてもよいというつもりで始めたにもかかわらず、終わってみるとほとんどすべての資料がうまく論文にまとまるようにとられていることを発見して、我ながら少々呆れてしまった。初めの決心にうそはなかったのだが、ほとんど無意識的に、論文にまとまるようなやり方で調査していたらしい。そのころ読んだダーウィンの自伝のなかに、こんな一文を見つけて、思わず苦笑した。

「私の心は、事実の大量の寄せ集めをつきくだいて一般法則をつくりだす一種の機械になってしまったように思われる」(『ダーウィン自伝』、八杉龍一・江上生子訳、筑摩書房、一九七二年、一二六ページ)。

ダーウィンとは格はちがうが、私もまた一種の「論文製作機械」になってしまったようである。

ところで、ヒキガエルの気持のほうは、わかったのだろうか。

専攻は発生学だったが生き物が大好きで、私の所へよくしゃべりにきていた学生がいた。私は彼に「発生学をやるのにも、材料に使う生き物の気持がわかるようにならないと、一人前とは言えないね」などと説教した。彼は、「先生がヒキガエルの気持を理解できたと、どうしてわかるんですか?」と反問してきた。私はその場の思いつきで、「ヒキガエルは毎晩必ず出てくるものではない。たとえば今夜、本丸跡に何匹出てくるかを予測して、それが当たるようになったらヒキガエルの気持がわかったと言えるんじゃないかね」と答えたら、彼は案外おとなしく納得した。その日の夕方、彼はまたやってきた。「先生、これから本丸へ調査にいきませんか。手伝いますよ。ところで今晩、ヒキガエルは何匹くらい出るでしょうね?」

これだから、学生にはうっかりしたことは言えない。結果は言うまでもないだろう。人間は大脳新皮質でものを考える。大脳新皮質のないヒキガエルには、ものを考える能力はない。もともとカエルには「気持」などなかったのである。ということにしておこう。

金沢城のヒキガエル

金沢城跡

今は金沢市郊外、角間《かくま》という山間の谷間に引っ越してしまったが、当時金沢大学は旧金沢城のなかにあった。その金沢城は、金沢市のほぼ中心にある。城内の大部分を占める二の丸と三の丸には校舎が建っているが、南の端の一段高くなった本丸は、理学部付属の植物園になっていて、江戸時代以来の老木が茂り、市街の真ん中にありながら自然がよく残されている。本丸の天守閣は江戸時代初期に失われ、外様大名であった加賀藩は江戸幕府に遠慮して再建しなかった。明治以後は、旧帝国陸軍第九師団が金沢城を占領していたが、本丸は使っていなかったらしい。それで、今にいたるまで本丸の自然はそのまま残ってきたというわけである。そして一九六〇年、我が金沢大学が入城した。一九九三年に「落城」してしまったが。

そのころ、本丸跡の中心部に小さな池が二つ掘られた。一つはヒョウタンのような形をしているのでH池、もう一つは長方形で、いつのころからか底が抜けてしまい補水しないと水がたまらなくなっているので、底抜けのS池と呼ぶことにした（図1・次ページ）。モリアオガエルはどちらの池でも繁殖するのだが、ヒキガエルはどういうわけかS池は使わずH池のみで繁殖する。このH池がこれからの話の主要な舞台となる。全長一七メートル、面積三三平方メートル、水深平均二〇センチ、水量六トンくらいの小さな池である。

本丸以外にも、金沢城内にはヒキガエルの繁殖する池がまだいくつかあった。太平洋戦争中に陸軍がつくったすり鉢状の防火用水池二つ（図1・Y池とK池）、大学がつくった大きな防火用水池が一つ（図1・N池）、それに、コンクリート製の水槽の外側をめぐっている単なる側溝（図1・M池）にまで、ヒキガエルは卵を産みにくる。城内とは言えないが、かつての外堀の一部を残した大手堀という大きな池（図1・O池）でも繁殖が行なわれており、金沢城には当時、

●図１——旧金沢城内におけるニホンヒキガエルの産卵池（６ヶ所）と各集団の分布範囲

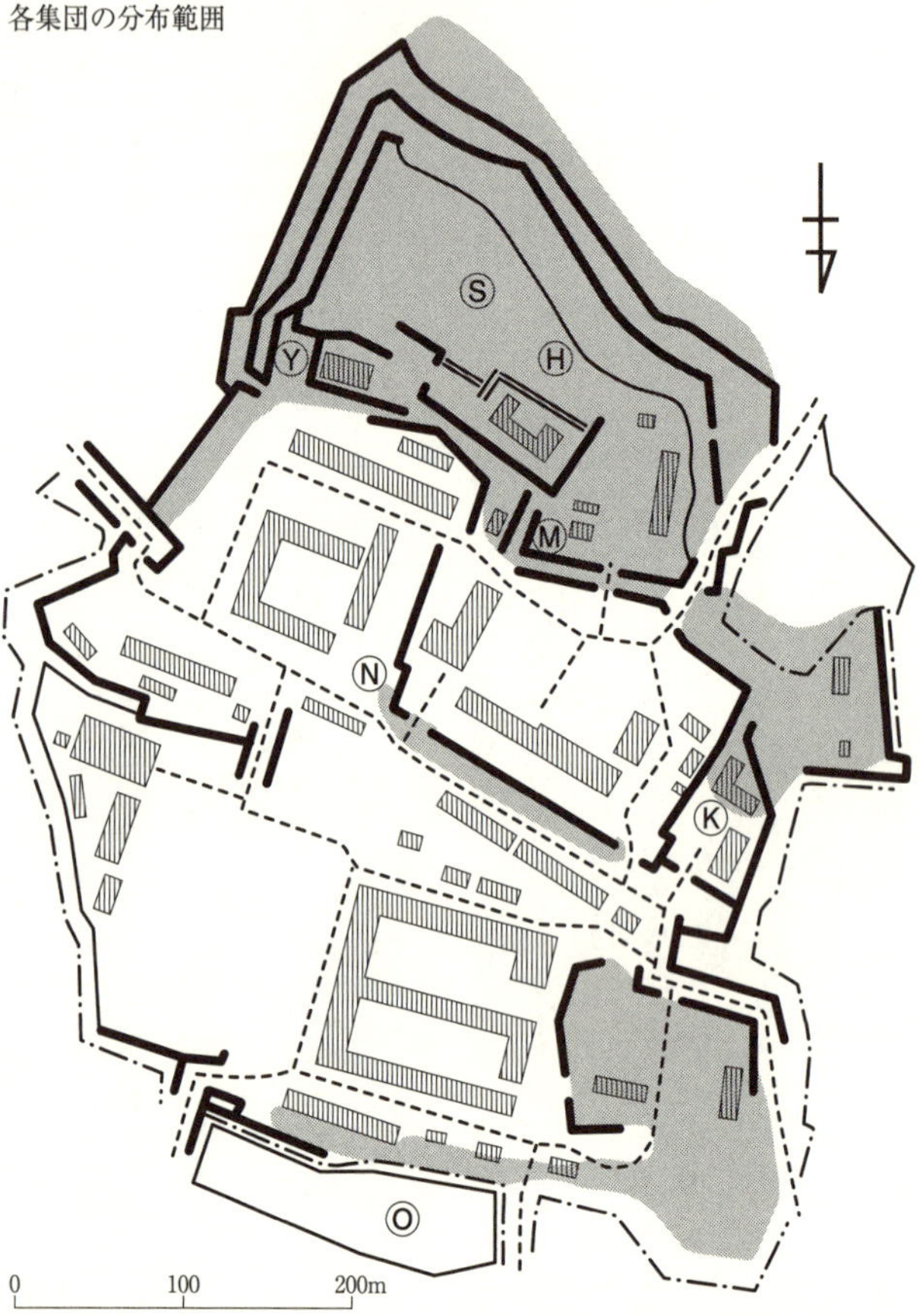

◯：産卵池　　╌╌╌：コンクリート通路　　H池、Y池、M池群の分布範囲は
▒：分布範囲　　黒線：石垣　　まとめて示してある。K池、N池、
▥：建物　　O池群の分布範囲は推定による。

六つの繁殖池があった。

ヒキガエルは、自分が繁殖にいく池を、時には浮気するものもいるが、だいたい決めている。だから城内には、それぞれの池に集まる六つのヒキガエルの集団が生息していたことになる。

これらの六つの池、六つの集団全部を調べるほうがいいのはわかっていたが、それでは調査範囲が城内全域に広がり、すでに四〇歳を過ぎていた私の手に負えるものではない。生き物の野外調査は欲張りすぎて失敗することが多いのである。といって、池一つ、集団一つでは比較ができず、資料の信頼度が低くなる。そこで、H池以外に、二つの池を同時に調べることにした。

一つは、H池の北東、約一五〇メートルにあるY池である。直径八メートルもある大きなすり鉢状の池だが、水は底のほうに少したまっているだけで、水量は四・二トンと、実質的にはH池よりも小さい。

もう一つは、H池の北西約一二〇メートルのところにあるM池で、幅一六センチ、深さ一八センチの単なる溝にすぎず、水量わずか一トンの、池とは言えないような水溜りである。一九七四年の繁殖時には干上がっていて、繁殖池にはなっていなかった。ところが、一九七六年にたまたま調べてみたら、枯れ葉が排水口をふさいで水がたまり、けっこうたくさんのヒキガエルが産卵にきていたのである。以後、落ち葉の掃除をせず水をためておいたら、毎年繁殖が行なわれた。

そのほかの、K池、N池、O池の三つについては、余力のある時だけ調べるにとどめた。

標識再捕獲法

調査地は決まった。つぎは方法である。これは考えるまでもなく、ヒキガエルと出会った時にすでに決めていた。

魚を調べていた時、やりたかったがどうしてもできなかったことがあった。それは、一匹一匹に標識をつけて個体別に追跡することである。決まった岩陰にいつも同じ種の同じ大きさの魚がいたとしても、それが同じ個体であるかどうかはわからない。私の見ていない間にさっと入れ替わって、何食わぬ顔をしているかも知れないではないか。

実は一度だけ、海で魚を捕まえ標識して放したことがある。一〇センチくらいの子供のニザダイを一〇匹、苦労して網で捕まえ、尾びれにいろいろな刻み目を入れて海へ帰した。つぎの日、放流した近くで四匹見つけた。二日目になると二匹に減った。そして三日目、彼らは全員どこかへ行ってしまい、いくら探しても見つからなかった。魚は動きやすく、海は広すぎる。

その点、ヒキガエルならやりやすい。捕まえるのは拾うだけでよいし、どう考えても彼らが本丸の外まで遠足に出かけることはなさそうである。毎晩拾い集めて標識をつけていけば、遠からず本丸の全ヒキガエルは私の管理下におかれることになるだろう。すべてに標識がつけば、個体数推定などややこしい算術を使う必要もなく、個体毎に、動き方、住み方、成長の仕方、寿命なども、自動的にわかってくる。

本丸跡はおよそ五万平方メートル、まあこれくらいだったら全域調べても大したことはあるまい、と考えて調べ始めたのだが、これは甘かった。本丸には幅一〜二メートルの通路があって、そこではたしかにヒキガエルを拾えるのだが、一歩通路をはずれると草が生い茂っていて、かきわけなければ見つからない。全域調査の計画は、調査を始めたとたんに挫折して、通路と、大木の下で草の少ない場所に限定することにした。その広さは二七〇〇平方メートル、全面積のたった五%だから、我ながら思い切って後退したものだと思う。もっとも、五年後、必要にせまられて調査面積を八二〇〇平方メートルまで増やしたが。

指をつめる

カエルに標識をつける方法はいろいろある。腰バンドをとりつけたり、ドライアイスで凍らせた針金でカエルのお腹に焼印ならぬ凍印をつけるというやり方もある。でも、いずれも手間がかかり面倒だから、いちばん簡単な指切り法を使うことにした。これならハサミ一つですむ。同じ両生類でも、イモリやサンショウウオは再生するからこの方法は使えないのだが、カエルは再生しないことになっているから、一度指を切っておけば一生見分けがつく。はずだったのだが、実際にやってみると、切り方によってなかには再生するものもあり、長生きした個体は気の毒にも二、三回切り足されることになってしまった。

この方法をとることにした時、いちばん気になったのは、指を切られたカエルがどのくらい打撃を受けるかということである。それがもとでたくさん死んだりしたら、研究ではなく単なる殺戮になってしまう。まあ、カエルではよくやられている方法だからそれほど心配することもなかったのだが、念のため私は、本丸から二匹のヒキガエルを捕まえてきて指を切ってみた。各足から一本ずつ、計四本を切り落としたのだが、ヒキガエルはその度に目をつむり痛そうな顔をする。最後には全身からうっすらと毒液をにじませた。相当こたえているようすである。

こういう話をすると、最近の学生はいやな顔をする。食料難時代に育ち、生き物を見ると、可愛いと思う前にうまそうだと思ってしまう私たち世代の気持は、満ち足りた食べ物にとりまかれて育った若い人たちには、なかなか理解してもらえそうにない。生き物を見て、可愛いと思うよりもうまそうだと思うほうが人間として健全だと私は固く信じているのだが。それはともかく、ある研究会で自然保護の運動家でもある若い研究者に、「先生はどんな気持でカエルの指を切っているんですか？」と聞かれた時は、そら来た、と緊張した。「いつも、ゴメンネ、言うて切ってるんや」と答えたら、「それならいいです」と許してくれた。

指を四本切り取られた二匹のヒキガエルは、私の用意した飼育ケースのなかでご機嫌に暮らしていた。入れた直後、まだ血のにじんでいる指を使って砂に穴を掘ってもぐりこみ、ミミズを与えるとうまそうに呑み込む。痛さをこらえているようには、少なくとも私には見えなかった。傷口は五日目に薄皮がはり、八日目には色素が現われ、一二日目に完治した。のちに、野外で指を切って放したものも、だいたい同じような調子で治っていたが、時には細菌にでも感染したのか、赤くはれあがっているものもいた。しかしそういう例は少なく、指切りはヒキガエルにとって、切られる時の痛そうな顔ほどには打撃を受けてはいないらしい。

アメリカのクラークという研究者は、フォーラーズ・トウド（ブフォ・フォーレリ）というヒキガエルで、指を切ることがどのくらいのダメージを与えるかという実験をしている。彼は、四六三匹という大量のカエルを捕まえ、その指を一本から八本まで切り取ってまた放した。さすが物量を誇るアメリカである。私の二匹とずいぶんちがう。一年後にまた捕まえ、切り取った指の数ごとに再捕率を計算した。たくさん指を切ったものほど再捕率が低い、つまりたくさん死んでいるという結果が出たが、その差はわずかで、四、五本くらいなら気にすることはないらしい。

個体番号

動物を個体識別した時、一匹ずつに名前をつけることになっている。日本で初めて野生のニホンザルの研究が始まった大分県・高崎山の群れのリーダーには、ローマ神話の最高神ジュピターという大層な名前がつけられた。四、五年前、私のところの四年生が金沢城内に住むタヌキの調査を始め、捕まえる方法も考えないうちに、つける名前を決めてしまった。タヌキに、キツネとかアナグマとかイタチとかいう名前をつけるというのである。つい浮かれて私も、イリオモテヤマネコという名前のタヌキをつくってくれと頼んでおいた。さぞややこしい論文ができるにちがいないと心配していたら、結局タヌキは捕れず、名前をつけるところまでいかずに終わった。

ヒキガエルにも、クレオパトラとかヒミコとか、個性ゆたかな名前をつけたかったのだが、数は多そうだし、どれを見ても同じような顔をしているので、ありきたりの個体番号で我慢することにした。カエルの仲間はすべて、前足に四本、後足に五本の指を持っている。私たちの手の親指がなくなった状態だと考えればよい。これらの指に1・2・3・4・5と番号をつける。前足は4までである。そして、左前足・右前足・左後足・右後足の順に切り取った指の番号をならべると、四桁の数字ができる。これを個々のカエルの個体番号、つまり名前にするのである。

一九七三年の夏に調査を始めたが、１１１１から始めて１２・・、１３・・と進んだころ、あるヒキガエルを見つけ、手にとって型通り左前足１、右前足３と切って、左後足を探った。ところが、それが根元からなかったのである。これが、序章で述べた左後足のない三本足のヒキガエルとの出会いであった。その時、足が一本ないというような大きい特徴があるのなら、前足の指まで切るのではなかったと後悔した。そして、せめてもの申し訳に、右後足の指は切らずにおいた。だからこのカエルの個体番号は１３Ｘ０である。

ところがのちに、やはり切っておいてよかったと思うことになった。なんと、左後足が根元からないカエルがもう一匹いたのである。もし、前足の指を切っていなかったら、この二匹がごっちゃになって収拾がつかなくなったにちがいない。人生のみならず研究も、一寸先は闇である。もう一匹の左後足のないカエルは、一歳半で見つけ二歳半でいなくなるまで、数回再捕している。

四本の足から一本ずつ指を切り取ると、１１１１から４４５５まで、四〇〇匹のカエルを識別できる。大して大きくもない本丸跡のことだから、これで充分足りるだろうと思っていたのだが、夏に始めて秋になったころ、早くも使い果たしてしまった。予想以上にヒキガエルはたくさんいるらしい。それで、切らない足を一本つくり、０１１１から新しいシリーズをつくったが、それでもまだ足りず、それ以後のカエルは一本の足から二本の指を切り取られるという、気の毒なこととなった。これは、½111というように表示する。九年間の調査中、一五二六匹に標識した。本丸以外でも少し調査しているので、私が指を切ったヒキガエルの総数は二〇〇〇匹をはるかに越える。

指を切るには、丈夫な解剖用のハサミを使った。カエルの指にも細いながら骨はある。ハサミはだんだん切れなくなり、遂に三丁使いつぶした。再生した指はまた切らねばならぬから、私が切り落とした指はおそらく一万本を越えるだろう。

生き物を眺めて喜んでいるうちはのどかだが、研究という名がついたとたん残虐となる。そして、その研究に「人類を救う」などという大義名分がつくと、残虐性に歯止めが利かなくなる。太平洋戦争中、旧満州で行なわれた七三一部隊の人体実験にも、「大日本帝国を救う」という大義名分がついていた。ヒキガエルの研究はどうひいき目に考えても、日本のお役には立ちそうにない。高校の先生になっている卒業生と話していて、「小学生から、ヒキガエルは何年くらい生きますかと聞かれて、一一～一二年は生きるよと答えられるようになったのが、唯一の成果かな」と言ったら、「そんなこと調べるから、小学生が覚えんならんことがまた一つ増えたじゃないですか」と叱られた。

かくのごとくあまり威張れた研究ではないので、深夜ひそかに調査したわけである。まあ、ヒキガエルが夜しか出てこなかったから仕方なくそうなってしまったのだが。また、残虐性は指切りだけにとどめ、腹を裂いて胃袋のなかを調べるなどということもしなかった。これも、胃袋を開けると必ず嫌いな昆虫が出てくるからだったが。

個体番号の読み違え

ある夜、いつもの通り本丸の入口から調査を始め、本丸全体を調べて出口にかかった時、一匹のカエルを見つけて指の番号を確かめた。その時、ふと気になってその夜の記録を見直したところ、まったく同じ番号のカエルを調査の初め、本丸入口で見つけていたことがわかった。入口と出口は直線距離にして一〇〇メートルはある。ヒキガエルが私を追い越して走って行ったとは少々考えにくい。明らかに番号の読み間違いである。繁殖調査で、昨夜のオスが今夜はメスになって現われたこともある。ヒキガエルは、ごくまれだがオスからメスへの性転換があるそうだが、昨夜の今夜では性転換のせいにするわけにはいかない。

戦中戦後の育ちである私は、物を無駄にすることができない。調査の時はヘッドランプを二つ持ち、一つは手に持ってカエルを探し、もう一つは頭につけてカエルの体長を測ったり記録したりするのに使っていた。頭につけたヘッドランプは少々暗くてもよいから、カエル探し用に使って弱くなった電池を入れて、徹底的に使い切ることにしていた。だから、個体番号を読み取る灯りは相当暗かったのである。それで一夜に何一〇匹もの指の切れ方を、老眼が進み同時に乱視もひどくなった私が読み取るのだから、間違えないほうがおかしいだろう。もっとも、個体識別し個体毎に資料を集める調査で、識別間違いは致命的ではある。

全調査が終わってから、明らかに間違っていたケースを集計してみた。再捕し、個体番号を読み取った回数は四九〇六回、そのうち間違ったのは二〇回で、率にすると〇・四％であった。ただし、この数字がわずかだといって喜ぶわけにはいかない。間違いに気がついたのがこれだけあるのだから、気がつかなかったケースはもっと多いと思わざるを得ない。そして、その率さえもわからないのである。

ヒキガエルはたいてい決まった場所で見つかる。ところが時々、同じ個体がとんでもなく離れた所で見つかることがある。番号の読み違えは絶対にないという確信があれば、ヒキガエルが引っ越したと言えるのだが、そんな自信はそれこそ絶対にない。と言って、そういう場合をすべて読み違えとして捨ててしまったら、ヒキガエルは常に同じ場所に定着しているという結論しか出てこないことになる。

このような時は、その個体がつぎにどこで見つかるかを待つ以外にない。つぎに元の場所で見つかったら読み違えだった可能性が高く、移住先でその後何度も見つかれば引っ越したことになる。もっとも、つぎに見つかるまで一年かかるか二年かかるかわからないのが野生動物調査の宿命だから、一年に二つも三つも論文をつくりたい人には、このやり方はお勧めしない。

蛮勇をふるって、都合の悪いデータは切り捨て、ヒキガエルはすべて定着しているという結論を出さなければならない。

蛙体長自動測定器

野外で動物を捕まえた時、体長や体重はもちろん、足の長さや頭の大きさなど、あらゆる部分を計測しておくのが普通である。哺乳類などでは血液をとって健康状態のチェックまですることもある。

ヒキガエルでもそれができればいいのに決まっているが、たった一人でそこまでやろうとすると、できるだけたくさんのヒキガエルを個体別に追求するという肝心の主題ができなくなってしまう。そこで、身体測定は思い切って手を抜き、体長だけを測ることにした。

ところが、試しにちょっと測ってみると、カエルは伸びたり縮んだり、うまく測らせてくれない。いろいろ考えて、こんな装置をつくってみた。透明プラスチックの三〇センチ直定規に、〇点が中央に切ってあるものがある。その〇点に合わせて一辺三センチの四角い木片をとりつける。カエルを左手に載せ、右手でカエルの腰に木片をあてがい、定規で背中をおさえると、鼻先の目盛りがそのまま体長を示すことになる。使ってみると、操作は簡単でずいぶん時間の節約ができた。時々あばれるカエルがいて、なだめるのに困ったが。これに「蛙体長自動測定器」という大げさな名前をつけて学生に自慢したのだが、高価な機械を使うのが高度な研究だと誤解させられている学生は、だれも感心してくれなかった。

ずっとのち、ヒキガエルの個体別の成長をまとめていた時、だんだん小さくなるカエルが出てきて困った。自動測定器の誤差である。そこで、こんな計算をした。ヒキガエルの繁殖期はおよそ一〇日間続く。その間、オスは毎夜のごとく現われてメスを待つ。私もまた毎夜のごとく現われてオスを捕まえ計測する。それで、同一繁殖期に二回以上体長を測った個体を取り出してみると一四六匹もいた。繁殖期には彼らは餌をとらないから成長するはずはない。だから、その差は測定誤差を示していることになる。計算の結果その八〇%が誤差五ミリ以内におさまった。誤差六ミリまでいれると九〇%まではいる。繁殖オスの体長を一〇〇ミリとすれば、誤差は五〜六%ということになる。別の方法で子ガエルの測定誤差も計算したが、体長七〇ミリに対して二ミリ前後、三%くらいでおさまることもわかった。誤差は、ないに越したことはないが、野外調査ではやむを得ないことである。成長に関してあまり精密な議論はできそうにないが、まあ、これくらいなら、と安心した。もっとも、一三ミリちがいが一例、一一ミリちがいが二例あった。おそらく、測定器のセンチ目盛りを一つ読み違えたのだろう。

ヒキガエルは、ブフォ属という、世界に二〇〇種もいる大きなグループに属しているカエルである。英語ではトウドというが、この言葉はヒキガエル属だけでなく、皮膚がざらざらしていてのそのそ歩くカエル全般を指すらしい。トノサマガエルやアマガエルなど、皮膚がきれいでぴょんぴょん跳ねるカエルがフロッグである。皮膚がきれいでのそのそ歩くカエルや、皮膚がざらざらでぴょんぴょん跳ねるカエルを、何というのかは知らない。

カエルの仲間（両生綱・無尾目）は全部で三〇〇〇種もいるが、その大半は熱帯から亜熱帯にかけて住んでおり、日本には三〇種あまりしかいない。そのうちヒキガエル属は三種いる。一つは、最近確認された山地に住むナガレヒキガエル（ブフォ・トレンチコーラ）である。流れ者のヒキガエルというわけではなく、オタマジャクシが山間の渓流の、流れている水で育つからである。

二つ目は、沖縄の南、宮古島にだけ住んでいるミヤコヒキガエル（ブフォ・ガルガリザンス・ミヤコニス）である。このヒキガエルは、中国大陸に住むチュウカ（中華）ヒキガエルの亜種とされているが、つぎのニホンヒキガエルの亜種とする説もある。

最後が、古来からガマの名称で親しまれてきたふつうのヒキガエルである。最近まで、ヨーロッパに広く分布しているヨーロッパヒキガエル（ブフォ・ブフォ）と同種（別亜種）とされていたが、現在は日本特産のヒキガエル（ブフォ・ヤポニクス）として独立した。ただし、地方によって変異があって、二つの亜種に分けられている。だいたい滋賀県を境にして、本州の東北部にいるのがアズマヒキガエル（ブフォ・ヤポニクス・フォルモースス）、西南部にいるのがニホンヒキガエル（ブフォ・ヤポニクス・ヤポニクス）である。

なお、小笠原諸島や石垣島に、オオヒキガエル（ブフォ・マリヌス）というヒキガエルがいる。これは、サトウキビの害虫駆除のために移入されたものが定着したもので、もともと日本にいたものではない。原産地は、北アメリカ南部から南アメリカ北部にかけての地域らしい。これをいれると、日本のヒキガエルは四種・五亜種となる（以上、前田憲男・松井正文著、『日本カエル図鑑』、文一総合出版、一九八九年、による）。

ところで、金沢市は分布から言えばアズマヒキガエルの勢力圏であり、事実周辺の野山にはアズマヒキガエルが生息している。しかるに、私が調査した金沢城本丸跡のヒキガエルを、カエルの分類の権威、松井正文氏（京都大学総合人間学部）に調べてもらったところ、西南日本にいるはずのニホンヒキガエルであることがわかった。かつて金沢城に隣接して旧制第四高等学校があり、そこで実験や実習に使われていたニホンヒキガエルが逃げだし城内に住みついたのではないかというのが、ただ一つ考えられることだが、古くからおられる教官や技官の方にお聞きしてもよくわからなかった。ともかく、アズマヒキガエルの分布範囲のなかに住むニホンヒキガエルという変な存在を、私は調べたことになる。

生息場所集団

ニホンザルという種がいくつかの群れに分かれているように、種はその分布範囲のなかでさらに小さな集団に分かれて住んでいることが多い。ヒキガエルではどうだろうか。

ヒキガエルは、ふだんはばらばらでいるが、繁殖期になると、少なくとも成熟したオスとメスは繁殖池に集まってくる。もし彼および彼女が毎年決まった池に集まるのなら、池毎に集団をつくっていると考えてもよい。調べた結果、ヒキガエルは自分の繁殖池をだいたい決めていて、めったに変えないことがわかった。

私が集中的に調べた本丸跡およびその周辺の三つの池、H池、Y池、M池へ繁殖にやってくるヒキガエルの、ふだんの生息場所を示した図をあげておこう（図2・次ページ）。この図は、それぞれの集団の周辺部にいた個体だけを記してあり、どの範囲まで分布しているかを示したものである。図でわかるように、ヒキガエルはいちおう、自分の池を中心にしてその周りに生息しているが、周辺部では三つの集団は重なっている。Y池やM池のすぐ近くに住みながらわざわざ遠いH池へ繁殖に行くものもいれば、その逆のケースもある。

このように、それぞれの繁殖池に属するヒキガエルの集団があることはわかったが、時には繁殖池を変える個体もいる。六年の間に二七匹のヒキガエルが別の池に移動した。そのようす

●図2――H池、Y池、M池群に属する個体の周辺部における分布

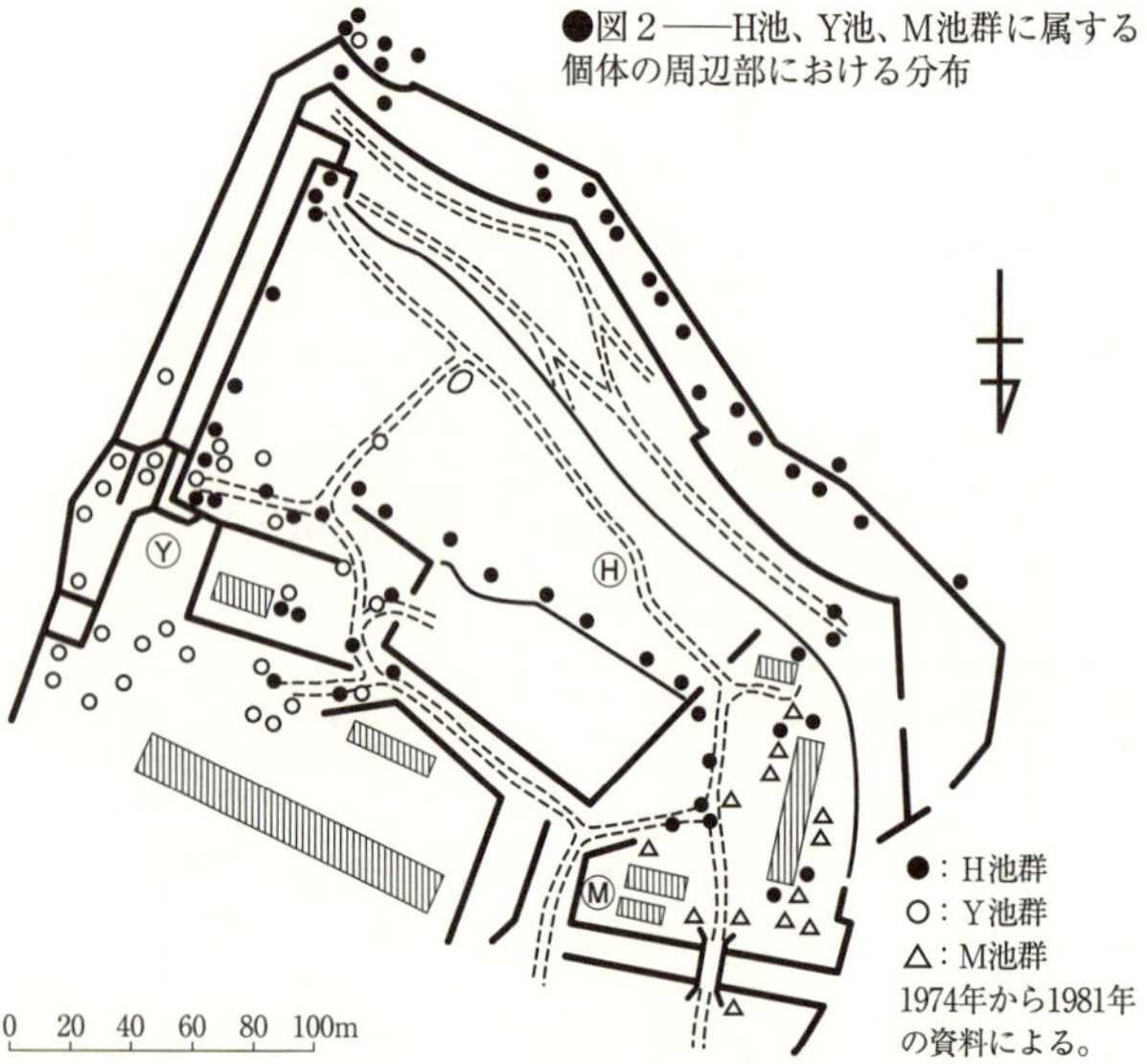

1974年から1981年の資料による。

●図3――H池、Y池、M池、N池群の交流模式図

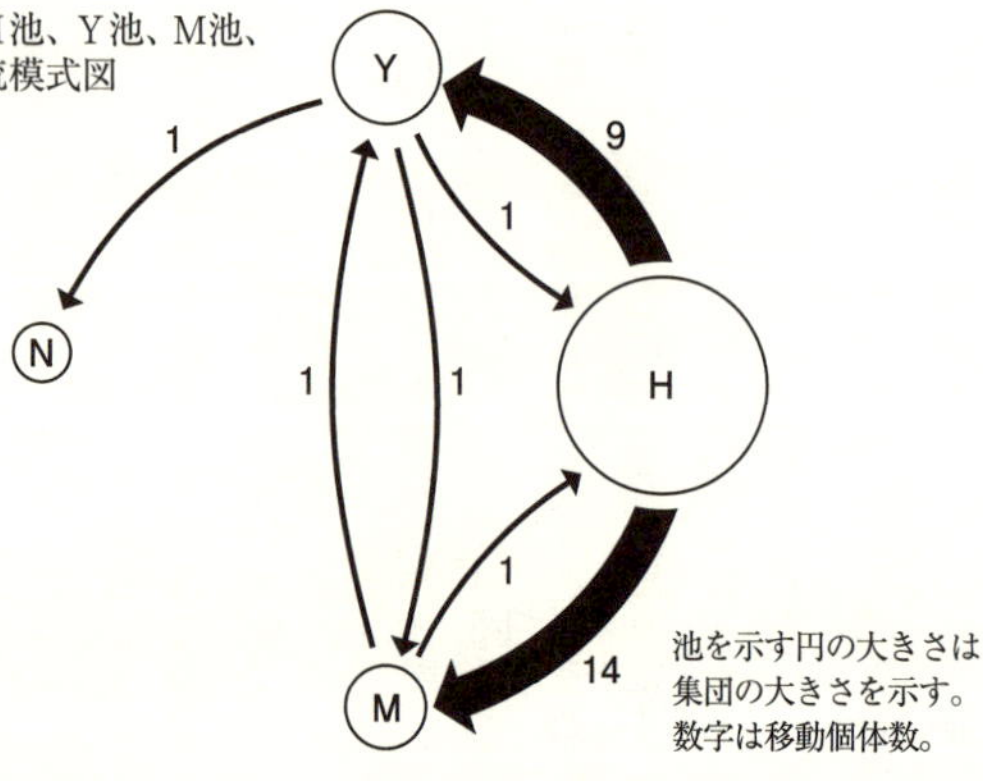

池を示す円の大きさは集団の大きさを示す。
数字は移動個体数。

も図にして示しておこう（図3）。池を示す円の大きさは、その池に属する集団の大きさであり、池の大きさではない。一目でわかるように、最も大きいH池集団から小さなY池およびM池集団へ流れていくという形で、移動が行なわれている。M池とY池からそれぞれ一匹ずつH池へ移動しているが、これらは二匹とも元H池にいた個体で、いわば出戻りである。また、Y池とM池の交流は同じ繁殖期の間にある個体が往復したもので、池を変えたとは言えないケースである。城内にはさらに三つの繁殖池があるが、そのうちの一つN池へY池から一匹移っている。この三つの池はあまり詳しく調べていないので、もっと交流があった可能性はある。

H池からは、出戻りを除いて、六年間に二三匹が移動していった。H池のこの間の全繁殖個体数は六〇一匹だから、率にすると三・八％になる。受け入れ側のY池は、繁殖参加数二一〇匹中九匹で、四・三％である。ところが、M池の受け入れ数は、九四匹中一四匹もいて、一四・九％の高率となった。これは、H池、Y池両集団の成立が少なくとも一九六〇年ごろまでさかのぼるのに対して、M池は一九七五年か一九七六年の間にH池集団の一部が分かれて新しく開発された繁殖池であることと関連があるらしい。

新規開発池を除くと、成立し安定している集団間の移動率はせいぜい三～四％程度であるらしい。このくらいの率なら、集団はいちおう独立性を保っていると見なしてもいいだろう。繁殖池を媒介にしてこのようにまとまっているヒキガエルの集団を、この本では「生息場所集団」と呼ぶことにしておく。本丸跡およびその周辺には、H池、Y池、M池に属する三つの生息場所集団が存在していて、その生活がこの本の主題となる。

気象の観測

動物、特にカエルのような外界の気温に体温が左右される変温動物の調査には、気温や降雨といった気象条件の観測が、大きな一つの仕事になる。少なくとも常に温度計くらいは持っていて、ことあるごとに気温を測るくせをつけねばならぬ、などと学生には説教するくせに、当人はこれまで何百時間と海に潜りながら、水温を測ったことなど一回もない。しかし、ヒキガエルはどうやら気温と降雨に大きく影響を受けているようだし、今度は温度計の一つも持っていかなければならぬかな、と覚悟していたら、大きな助け船が出現した。

本丸跡は理学部付属の植物園になっていて、その管理者、というより植物園の主と呼ぶほうがふさわしい、瀬藤政雄さんという技官がおられ、毎日五万平方メートルにおよぶ植物園の整備をされていた。江戸時代からの老木、巨木から、最近植えられた珍しい植物まで、枯らさぬように手を入れ、草を刈り、通路の柵を直し、池の底をさらえ、温室を管理し、さらには、すぐ柵を越えてはいりこむ学生どもを追い出すことまで、ありとあらゆる仕事を一人でこなしている方である。瀬藤さんの特徴は、相手によって差別しないことである。教官でも勝手に柵を乗り越えると学生同様怒鳴られる。私もよく叱られた。といって、いつも叱ってばかりではない。ある先生が植物園へ椎の実を拾いにいって、「椎の実はどこに落ちていますか」と聞いた。瀬藤さん、すましていわく「椎の樹の下ですよ」。

その瀬藤さんが、植物園に設置されている気象観測の百葉箱の管理をされていた。毎日、気温、湿度、雨量の自記記録をとりかえ、毎月整理した資料を一年分まとめて『植物園年報』に報告されている。自記記録計の数値だから、ある程度の誤差はやむをえないが、調査地の真ん中で測られた記録である。私は全面的にこれにおぶさることにした。おかげで、気象測定の心配などまったくせずに、ひたすらカエルに集中できたわけである。以下、偉そうに気温や降雨の話をたくさん持ち出す予定だが、すべて瀬藤さんの測定された数値であることをお断りしておく。

私の調査が終わってまもなく、瀬藤さんは定年退官された。その席は公務員の定員削減で取り上げられ、専任の後継者はいなくなり、植物園は次第に荒れつつある。それは、ひとえに、ポストの確保を怠った当時の植物園長をはじめ、私を含めた生物学科の教官の責任であろう。

第二章　最初の一年

雨とヒキガエル

暑く乾いた夏

私がヒキガエルの調査を開始した一九七三年の夏は、ゆたかな水で知られた金沢市でさえ給水制限をしなければならなくなったほど、暑く乾いた日々が続いていた。七月二日を最後にまったく雨は降らず、私が毎夜本丸跡へ通い始めた八月中旬には晴天四〇日を越え、さらに記録を更新しつつあった。樹々に深くおおわれている本丸跡でさえ林床は白く乾ききり、下生えの草も生気を失っていた。

その白く乾いた地面の上を、たくさんのヒキガエルがのそのそと歩いていた。自慢するわけではないが、ヒキガエルのことを何も知らなかった私は、その光景を見ても何の不思議も感じなかった。水辺に住むカエルとちがってヒキガエルは、もともと乾燥に適応していったグループである。むかし読んだ本のなかに、アフリカのあるカエルが、乾季のあとの最初の雨で家の床下へ雨宿りにきたという話が出ていたことを思い出し、なるほど日本のヒキガエルも雨が嫌いなんだなと思っただけだった。

しかし、ヒキガエルのことを少しでも知っている人なら、これを異様な光景と見たにちがいない。ヒキガエルは雨の夜に出てくる生き物であって、こんなからから天気にはほとんど出てこないし、また、じっとすわって獲物を待つタイプで、自らのそのそ歩き回ったりはしないものなのである。私の初めて見たヒキガエルは、規則違反の行動をしていた。

そんなことを知ったのは、ずっと後のことである。その時は何も思わず、のそのそと歩いているヒキガエルを片端から拾い上げ、体長を測り、指を切り、地図の上にその位置を記録していった。記念すべき標識第一号、111は、体長七九ミリ、前年の一九七二年の春に生まれた一歳半の子ガエルであった。もっとも、それも後でわかったことで、その時は年齢はおろか、それが子供なのか親なのか、それすら知らなかったのだが。この第一号とはその後一九七八年までの六年間に八回再会した。最後には一二〇ミリの立派なオスに成長し、繁殖にも何回か参加していたが、残念ながらメスには出会えずに終わった。

この時のヒキガエルの行動には、ほかにもおかしなことがあった。身体の表面に浮草をつけているものがいた。近くの池をのぞいてみると、水面は浮草でびっしりおおわれている。そして何匹ものヒキガエルが水中でうごめいていた。カエルが池のなかにいて何の不思議があろう、としかその時は思わなかったのだが、ほんとうは、オタマジャクシから変態して上陸するや、彼らは繁殖期以外は一生水のなかにははいらないのである。

この浮草をつけている個体は池から上がってきたらしい。そう思って見ると、浮草をつけていない個体の皮膚が乾いてほこりっぽいのに対して、つけているものはみずみずしく湿っている。この時見つけた一二九匹中六八匹が浮草をつけていた。ほぼ半数である。なるほど、乾燥に適応しているといってもやはりカエルはカエル、毎晩ひと風呂浴びに出かけてくるんだな、と納得した。

本丸跡には、ヒョウタン形のH池と底の抜けているS池と、二つの池がある。どちらの池にもたくさんのヒキガエルがはいっていて、つぎつぎと池から上がってくる。歩き回って拾うよりも、ここで待ちかまえているほうが楽だと、私は池のほとりに腰を据えて多くのヒキガエルに標識した。

八月下旬、晴天五三日目にやっと待望の雨が降った。しかも四日間降り続いた。降雨初日にはこれまで以上にたくさんのヒキガエルが出現した。やはり雨が好きなのかと思ったら、二日目になるとさっぱり出てこなくなった。数字で示すと、晴天続きの間は一夜平均二二匹（一〇〜三六匹）で、降雨初日四一匹、二日目三匹、三日目九匹、四日目三匹といった状態である。降雨初日を除くと、ヒキガエルは雨が嫌いだと思わざるを得ない。

雨は五日目に上がった。ところが雨が嫌いなはずのヒキガエルは、一向に出てこない。夏の間あれほどにぎわっていた本丸跡の通路をいくら歩き回っても、せいぜい二、三匹、さびしくすわっているだけである。ヒキガエルは雨が好きなのか嫌いなのか、わけがわからなくなった。

涼しく湿った秋

つぎにヒキガエルが大挙出動してきたのは、朝夕めっきり涼しくなった九月下旬のことである。ただし、その現われ方は、夏とは逆、つまり晴れた夜には出てこず、雨の夜にかぎって出てきた。この秋とつぎの年の春から秋にかけて一〇四回調査して一六一七匹のカエルを見つけたが、晴れた夜は平均五・〇匹しか出ていなかったのに、雨の夜にはその六倍、二九・二匹も出てきていた。曇りの夜でも五・五匹にすぎなかったから湿度には関係なく、ヒキガエルは雨の夜に活動する生き物であると考えざるを得ない。夏の間はなぜか逆転していたことになる。

雨に対する敏感さ

ある晴れた夜、ヒキガエルの姿を求めて本丸跡の通路を歩いていた。しばらく晴天が続いていたあとなので地面は白く乾ききり、ほとんどカエルの姿はなかった。全域調べて見つけたのはたった一匹。ぐったり疲れてひと休みしていると、急に雨が降りだした。そこで元気を出して同じコースをもう一回まわってみたら、雨が降り始めてからせいぜい三〇分くらいしか経っていなかったのに、なんと一九匹も出ていたのである。

調査の途中で雨が降りだしたこともある。すぐに後戻りすると、さっき一匹しか出ていなかった二〇メートルの通路に早くも六匹が出てきていた。今、ねぐらからとび出してきたというように、いつものんびりしているヒキガエルにしては珍しく、六匹とも活発に動いていた。

この時の雨はほんのぱらぱら降っただけで、地面がぬれるところまではいかなかった。だから、林のなかの草むらにかくれていたヒキガエルの身体に、直接雨があたったとは考えられない。にもかかわらず彼らは、降り始めたとたんにとび出してきた。樹の葉や地面をたたく雨の音にでも反応したのだろうか。

雨に敏感なカエルはほかにもいる。北アメリカ西南部に広がる砂漠に、スペードフットというカエルが住んでいる。後足の裏に強大な突起がついていて、これを鋤《すき》に見立ててスペードフット（スキアシガエル）と言うのだが、それで砂を掘り地中深くもぐりこんで日中をすごす。夜明けごろ、大気がわずかに湿り気をおびた時、地上に出てきて餌をさがす。この地方では春に一度だけ雨が降り池ができる。これが唯一の繁殖のチャンスであり、彼らは雨がぱらぱら降り始めるやいなやとび出してきて、できたばかりの池に集まるのだそうである。

地中深く、時には二メートルももぐっているこのカエルが、降り始めのわずかな雨をどうやって感知するのか？　それは、春になるとあらかじめ浅いところまで上がってきて待機しているからにちがいない。こう考えたあるアメリカの学者は、ブルドーザーをチャーターして、ここと思うところを掘りまくったが、ついに一匹も見つからなかったという。日本のヒキガエルがいかにして雨を感知するかも、追求しようと思ったら大変なことになりそうだから、止めておくことにした。本丸跡をブルドーザーで掘り返したりしたら、前田利家の亡霊に悩まされそうである。

終夜観察

ヒキガエルの活動をうながすのが雨であるということを示す証拠を、もう一つあげておこう。私の調査はすべて日没から夜の一二時までの間に限られている。これは、当時の私の体力と気力の限界を示す数字である。しかしある時、私が調査を終えて家に帰ったころに、カエルどもは大挙出動しているのではないかという、妄想にとりつかれた。夜は長い。カエルはその間の何時ごろに最も活動するのだろうか？　それを確かめるには一晩通して調べてみなければならない。

本丸跡とその周辺をひとまわり調べるのに、だいたい二、三時間かかる。そこで、日没から一一時までの前夜、一二時前後の真夜、夜明けまでの後夜の三回の調査をすることにした。これを全部で一〇回やった。

そのうち五回は、前夜・真夜・後夜の順に出現数が減っていった。一九七四年一〇月の例では、四三匹・三三匹・九匹、七七年四月の例では三七匹・三〇匹・六匹である。ヒキガエルは日没直後から活動を始め、おそくとも真夜（午前二時ごろまで）にはほぼすべて、ねぐらへ引き上げてしまうらしい。私の妄想は、やはり単なる妄想にすぎなかった。

ところが、残りの五回は、前夜に少なく真夜あるいは後夜に多くなった。たとえば、一九七四年九月の調査では、前夜〇匹・真夜二六匹（この夜は体力がつきて後夜の調査はお休みにした）、一九七七年五月の記録は、二匹・六匹・五〇匹と明方近くになってから大量に出現している。その理由ははっきりしていて、前の五回はすべて、昼間からずっと雨が降り続いていたか、ずっと晴天だった夜の調査であり、後の五回は、調査途中に雨が降り始めた夜であった。つまりヒキガエルは、夜、雨が降り始めると大挙して現われたということである。

ヒキガエルと雨の関係

ヒキガエルと雨の関係をまとめておこう。

昼の間は、晴雨にかかわらず彼らはどこかにもぐり込んで休んでいる。ある日の夕方、急に真っ暗になってすさまじい夕立がやってきた。ひょっとしたら、と思って土砂降りの雨のなかを本丸跡まで行ってみたことがあるが、これくらいでは彼らはだまされなかった。一日中雨が降っていても、彼らが出てくるのは日没後である。こういう夜はだいたい真夜には大半が引き上げる。晴れの日は、日が暮れてもあまり出てこない。しかし、夜になってから雨が降ると、時間にかまわずその時に出動してくる。私は妄想から逃れ、安眠できるようになった。そのかわり、寝床にはいってから急に雨が降り出したりすると、本丸のあちこちでヒキガエルがとび跳ねている幻想に悩まされるようになった。といって、もう一度起きて調査に出かけたことはない。

ヒキガエルの「主体性」

このように書くと、たいてい「なるほどヒキガエルは、見事に雨に支配されているのだな」と思われるに違いない。しかしそれは、都合の良い資料だけ選んでならべた結果であって、学者が、私も含めて、よく使う手だから、だまされてはいけない。生き物は、環境条件に完全に一方的に支配されるような、そんな単純なものではない。ヒキガエルにもそれなりの「主体性」はある。

たとえば、降雨量と出現数をくらべてみよう。一方的に支配されているだけなら、雨がたくさん降れば降るほど多くのカエルが出てくるはずである。ところが、わずか六ミリの降雨が六〇匹のカエルをひっぱり出すことがあるかと思うと、五二ミリの豪雨で一八匹しか出てこなかったこともある。一九七四年六月一七日は、一一八四ものヒキガエルが本丸中を埋めつくし、くたびれ果てた私に呪いの言葉を吐かしめた夜だったが、この日の降雨は三ミリにすぎなかったのである。

では、出てくるヒキガエルの数を決めるのは何か？　それは、その日の雨量ではなく、その前何日間雨が降らなかったか、による。晴れの日が二、三日しか続いていなかったら、いかに豪雨が降っても彼らは大して出てこない。いい天気が何日も続き、地面がからからに乾いた時なら、ほんのちょっとした雨でも大挙して出てくる。三ミリの雨で一一八匹出てきた日は、その前ちょうど一〇日間、晴天が続いていた。

長く晴天が続いた後の降雨で、なぜたくさん出てくるのか？　喉がかわいたせいではなさそうである。雨は公平に降ってくれるから、ねぐらで寝ていても水分は補給できる。それはおそらく、食物との関係であろう。ヒキガエルは晴天の日にはほとんど出てこない。だから、晴天が一〇日も続くと相当お腹が減っているに違いない。ひょっとしたらヒキガエルは、雨の日に地表に出てくる生き物を主として餌にしているのではなかろうか。

ヒキガエルが何を食べているかを確かめるには、捕まえて殺し、胃袋を開けてみなければならない。私の目的は、本丸跡のヒキガエルを一匹残らず調べ上げることであり、一匹たりとも殺すわけにはいかぬ。と言えば聞こえは良いが、ほんとうは胃袋を開けるとどっさり昆虫が出てくるはずで、それを考えただけで、調べる気がしなくなっただけの話である。学生実習でトノサマガエルの胃袋を開けさせられた時、そのあまりの種類の多さ、名前のわからなさに辟易したことから、私は昆虫嫌いになった。昆虫のいない所、それは海である。それで私は海に潜り、魚の研究者になった。その私が、間違ってもヒキガエルの胃袋など開けるはずはないだろう。

ヒキガエルの餌として私が確認したのは、ミミズだけである。一〇センチほどもある大きなミミズを呑み込もうとすると、相当時間がかかる。それで、まだ口から半分くらい出ているミミズを、私が時々見つけることになる。

ヒキガエルの餌は、むかしの学者が詳しく調べている。それを拝借すると、トノサマガエルやアマガエルが主として飛んでいる虫を食べているのに対して、ヒキガエルは地面を歩いたり這ったりしている虫を食べているらしい。アリやゴミムシといった昆虫から、ダンゴムシ、ワラジムシ、ヤスデ、ミミズ、それにナメクジやカタツムリまで食べてしまう。小さなヤマカガシを呑み込んだ話はすでに述べた。

海にヨコエビという変な形の甲殻類がいて、海藻にたくさん付着しているが、これは磯の魚の大切な餌となっている。本丸跡で落ち葉をひっくりかえした時、このヨコエビを見つけて大いに驚いた。海のヨコエビと、ちょっと見た限りではほとんど同じ形をしていたからである。海中と陸上というまったく別の条件の所で、同じ形でよく生活ができるものだと感心した。このヨコエビもまた、ヒキガエルの好物らしい。小さくてもエビやカニの仲間だから、アリやナメクジよりはおいしい（？）にちがいない。

さて、ヒキガエルの餌となるこれらの生き物のうち、晴れた夜の乾いた地面を歩いているのはアリやゴミムシくらいで、大物のミミズをはじめ、ナメクジ、カタツムリ、ヨコエビなどはすべて、雨が降って地面が濡れないと地表に出てこない。とくにミミズは、雨がしみ込んで土のなかが水浸しになると、呼吸困難におちいって地表に出てくるのである。好きかどうかはヒキガエルに聞いてみなければわからないが、少なくとも晴れた夜にアリを一〇〇匹食べるより、雨の夜に大きなミミズを一匹呑み込むほうが楽であることは確かだろう。ヒキガエルが雨とともに現われるのは、だから、餌を求めてのことに間違いない。もっとも、ぱらぱら降り始めた段階では、まだミミズもヨコエビも現われていない。しかし、やがてそれは地中にしみ込み、ミミズを地面に追い出してくれることを、彼らはよく知っているのである。少しでも早く、ミミズが出てきそうな場所へいって待ちかまえなければならない。もっとも、雨はすぐ止むこともある。三ミリの雨で出てきた一一八匹のカエルは、首尾よく餌にありつけたのだろうか。

もう一つ不思議なことがある。雨が何日も降り続くと、ヒキガエルはだんだん出てこなくなるのである。一九七三年九月に四日連続して雨が降った。するとヒキガエルは、四九匹・二六匹・一六匹・六匹と減っていった。同じ年の一〇月にも、五三匹・七二匹・六匹・二匹と、二日目に増えているが三日目には激減している。三日ないし二日の連続降雨の場合でも、この原則に例外はない。雨が続けば続くほど地面は水浸しになり、餌もたくさん出てくるはずなのに、ヒキガエルは出てこなくなるのである。

この現象を説明するには、ヒキガエルをきわめて無欲な生き物とみなければならない。降り始めに出てきてミミズの一匹でも呑み込むと、満足してねぐらに帰り当分出てこないと考えるのである。あとで詳しく説明するが、事実ヒキガエルは信じられないほど無欲で、わずかな餌で満足し、蛙生の大半を寝て暮らしている。欲のない聖人の生活を「晴耕雨読」と表現するが、ヒキガエルの生活は「雨食晴眠」とでも言えようか。その「雨食」も降雨二、三日目から「雨眠」になってしまうから、聖人以上かも知れない。

ヒキガエルの活動は降雨によって始まるが、その理由は降雨とともに地表に現われる好物の餌を求めて、ということである。そして、個々のカエルが動くかどうかは、彼自身の「腹具合」が決める。少しおおげさに言えば、ヒキガエルは自分の「主体性」で自分の行動を決めているということになる。サルの主体性なら考えやすいが、クラゲの主体性となると、私でもちょっとちゅうちょする。とはいえ、どんな動物でもその行動は全面的に環境条件に支配されているものではないはずである。生き物である限り、自己の内的条件――ヒキガエルのこの場合は腹具合――こそが、行動を引き起こす基礎となっているはずである。

動物の主体性を見抜くには、研究者自身の主体性の確立が必要となりそうである。教授の言いなりに研究しているようでは、動物の主体性など見えてこないであろう。などと威張っているが、私がヒキガエルの腹具合にこだわったのは、主体性を確立していたからというよりも、単に育ち盛りに充分食べさせてもらえなかった食い物への恨みのせいであるらしい。

水を求めて

雨とヒキガエルの関係は、こうしてほぼ解けてきた。しかし、まだ説明のつかない事実が一つ残っている。私が調査を開始した一九七三年八月、好物の餌がまったくいないからからに乾いた地面の上を、ヒキガエルたちは大勢でのそのそ歩いていた。いったい何のために？

うまくいかなかったのですぐ止めてしまったのだが、ヒキガエルの指を切り始める前に、ちょっとした実験をやった。これも水族館で干されていた時に読んだ本のなかに出ていた話だが、カメの甲羅に糸車をとりつけて、カメが歩くと糸が落ちていくという調査をした人がいた。動物に発信器をとりつけ人工衛星で追跡するという時代に、何とものんびりした調査で、一度やってみたいと思っていたのだが、カメと違ってカエルには糸車をつけにくい。そこで、糸車を地面に固定しカエルには糸だけつけて放してみた。でも、これはうまくいかなかった。糸が長くなると必ずどこかにからまって、カエルが動けなくなるのである。なかには糸を切って逃げてしまうものもいた。

数年のち、ある学生にこの話をしたら、彼は大変興味を持ち、工作室の技官の方に頼み込んで、ヒキガエル用の超小型の糸車を作ってもらい、私の大事なカエルに片端からとりつけ始めた。調査としてはなかなかうまくいったようで、彼は満足して卒業していったのだが、あとで聞くと、糸車を背負わせられたヒキガエルはだんだん体重が減り元気がなくなるのだそうである。「私のヒキガエル」は、彼の卒業研究の一年間、私がまったく知らないうちに危機におちいっていたのであった。

私の糸車調査は見事に失敗してしまったのだが、それでも二つのことがわかった。一つは、糸をつけたカエルの大半は近くの池へはいったことである。なるほど、カエルはやはり池が好きなんだなと、その時は素直に思っただけだったが、ヒキガエルにとってそれはやはり異常であった。もう一つは、長距離移動する時は、ヒキガエルも人間用の通路を使うということである。歩きやすいという点では、私とヒキガエルの感覚は一致していたことになる。

この時のヒキガエルは、餌ではなく池をめぐって動いていたらしい。かんかん照りの夏の間に本丸跡で一一〇匹のヒキガエルを見つけたが、その位置を地図の上に記して池からの距離を測ってみると、九四匹（八五％）が池から三〇メートル以内にいた。同じ年の秋に見つけた一二五匹では、それが六二匹（五〇％）にとどまった。また、池から上がってきたところを捕まえて標識した一五匹の生息場所は、池から平均四〇メートル、最も遠かった個体は七五メートルも離れていた。あとで述べるが、ヒキガエルはふだん、生息地からこんな遠出はしないものなのである。

要するに、炎天下のヒキガエルは、餌ではなく水を求めて、ふだんは見向きもしない池を訪れていたことになる。乾燥に適応しているとは言っても、そこはやはりカエルのこと、あまりにお天気が続きすぎると、水分を補給しなければならなくなるらしい。

私が本丸跡で初めて調査した八月一四日は、最後に雨が降った七月二日から数えて四三日目であったが、この時すでにたくさんのカエルが池に集まっていた。ヒキガエルは晴天何日目から水を求める行動を起こすのだろうか？　その後毎年、夏の炎天が続くと私は池をのぞきにいったのだが、こんなに長く炎天の続いた年はなかった。ただ、一九七五年に、晴天一三日目にはまったくいなかったカエルが、一九日目に行った時には池で五、六匹泳いでいたのを確認している。明日あたりどっと出てくるのではないかと楽しみにしていたら、明くる日にはどっと雨が降ってカエルはまたひっこんでしまった。

カエルは口からは水を飲まず、体表から土のなかの水分を吸収している。だから、ねぐらの土が湿ってさえいれば水分は補給できるのである。炎天が続き地中まで乾いてしまうと、彼らも重い腰を上げざるをえない。炎天二〇日で出てきたカエルは比較的浅いねぐらにいたものであろう。炎天四〇日ともなると、ほとんどすべてのねぐらが乾ききってしまうようである。

乾燥とカエル

と言っても、ヒキガエルはこの程度の乾燥で死ぬようなことはない。アメリカに、カエルを乾燥器に閉じ込めて干物にしたシュミットという学者がいる。途中で取り出して湿った土の上におくと、生きていればすぐ水分を吸収して、元のみずみずしいカエルにもどるそうである。トノサマガエルの仲間（ラナ属）では、体重が六五％に減る（体重の三五％の水分がうばわれる）ころから死ぬものが出てくるが、ヒキガエルの仲間（ブフォ属）では、体重が四七％になってもまだ生きていたとのことである。体重が半分以下になっても死なないというのだから、ちょっと信じられない数字ではある。ついでに言うと、シュミットはカエルを水のなかに閉じ込める実験もしていて、この場合は逆に、ラナ属は五〇日も生きていたのに、ブフォ属はたった四、五日でふやけて死んでしまったらしい。

上陸はしたけれど水と縁が切れなかった両生類は、乾燥に弱いということになっている。皮膚呼吸に頼っている彼らは常に皮膚を湿らせておく必要があり、体表から急速に水分をうばわれていく宿命を持っているからである。しかし、体重が半分になってもまだ生きているのだから、二、三日水を飲まなければ死んでしまう人間よりも、むしろ乾燥に強いと言うべきかも知れない。もっとも、そんな状態を長く続けることはできないだろう。それはおそらく、危機的な状況の切り抜け策にちがいない。だからヒキガエルは、そのずっと手前で水を求める行動を起こすのである。

生き物は、水分に限らず、自己の限界ぎりぎりまで我慢することはほとんどない。はるか手前でしかるべき手を打っているようである。頑張りすぎて過労死するのは人間だけらしい。

夏眠説

雨が降れば喜んで出てくるはずのヒキガエルが、この年の八月下旬の雨でかえって出てこなくなったことは、この夏の彼らの活動が餌ではなく水を求めてだと考えると、うまく説明がつく。遠い池まで足を運ばなくともねぐらで雨に打たれていればよいのだから。

ところが、この説明はさらに別の謎を引き出すことになった。八月下旬、彼らはすでに五〇日以上も満足に採食していないはずである。一〇日の晴天の後の三ミリの雨が一一八匹ものヒキガエルを採食に駆り出したことからみると、この雨がかえって逆にヒキガエルをねぐらへ追い込んだことの説明がつかなくなる。九月にはいってからも雨はしばしば降った。しかし、出てきたカエルはせいぜい二、三匹にすぎなかった。雨とともにたくさん現われるようになったのは、九月も下旬にはいってからである。

この矛盾を解決する方法が一つだけある。ヒキガエルを夏眠させればよいのである。冬に冬眠するように、ヒキガエルは七月から九月にかけて夏眠すると考えれば、晴れようが雨が降ろうが出てこなくてもよい。ただこの夏はあまりにも乾きすぎたので、水分補給に出かけざるをえなかっただけなのである。

ヒキガエルがほんとうに夏眠するのかどうかを確かめることが、つぎの年、一九七四年の調査の大きなはげみになった。この年は私にしては珍しく、三月初めから一二月初旬まで、毎夜のように本丸跡へ足を運んだ。その結果、七月中旬から九月中旬までのおよそ二か月、ヒキガエルの出現数が極度に少なくなることを確認できた。といって、低温で身体が動かなくなる冬眠とは異なり、夏眠の場合は少しは出てくる。もともと夏といっても夜はそれほど高温ではない。むしろ、ヒキガエルがこれくらいの気温で活動しないほうがおかしいのである。

ヒキガエル類が乾季に出てこない、いわゆる乾眠の報告はいくつかあるが、夏に出てこないという報告はなかった。乾季と雨季がわかれている熱帯地方で進化したヒキガエルが、乾季のない日本へきてからもその習慣を残していると考えればいちおうの説明はつく。でも、それではあまり面白くないから、別の説明を考えてみた。それは、あとの楽しみ（第六章）にとっておこう。

秋、冬、そして春

秋の活動期

一九七三年八月下旬の降雨によって夏眠にもどったヒキガエルが、ふたたび活動を始めたのは九月下旬のことであった。今度は明らかに採食活動であり、雨の夜には五〇〜六〇匹も現われるが、晴れた夜には二、三匹、多くても一〇匹くらいしか見つからない。本丸跡を二、三時間かけてくまなく歩き回って一匹も見つからなかったことも珍しくない。何もすることがなくただ歩くだけだから、たしかに楽なのだが、これがかえって疲れるのである。

少しはヒキガエルの気心もわかるようになってくると、雲一つない秋晴れの夜など、家を出る時からもう疲れている。しかし、〇匹という記録は一〇〇匹という記録と本来同じ価値を持っているのだから、あらかじめカエルが出ていないとわかっていても調べに行かざるを得ないのが、野生生物研究者の宿命である。もっとも、こんな殊勝なことを考えていたのは最初の二年くらいで、その後は雨が降ってたくさん出ていそうな夜しか行かなくなってしまったが。

この秋最もたくさん出てきたのは、一〇月中旬の大雨の日で七二匹であった。これだけ出てくると、一匹ずつ体長を測り、番号を読み、指を切り、記録するだけで、相当な大仕事になる。この夜の調査は四時間もかかり、体力と気力の限界に達した。といって、だれに頼まれたわけでもなく、自分で勝手にやっているのだから、文句を言っているわけではない。要するに、カエルがたくさん出てきても出てこなくてもくたびれるという話だから、私が怠け者だと言うほうが、話は早くすむ。

「雨食晴眠」の秋の活動は、だいたい一一月初旬まで続く。ヒキガエルにとって、冬眠に備えて体内に脂肪をたくわえる重要な時期である、と、その時は思っていた。それにしては、出てくるカエルの数が少ない。一夜あたりの平均出現数で示すと、一九七三年秋一三匹、一九七四年春二五匹、そしてその秋にはたった三、四匹しか出てこなかった。一九七四年秋の減少には別の原因もあったのだが（第四章、二一七ページ参照）、それにしても春にくらべると秋の活動数はあまりにも少ない。これで冬を乗り切れるのだろうかと心配したのだが、これは杞憂だった。変温動物のカエルは身体の芯まで冷えきって代謝はほぼ止まってしまうから、冬眠中ほとんどエネルギーを使わないのである。

爬虫類から進化した時、哺乳類は恒温性なるものを獲得した。おかげで哺乳類は、外界の温度に関係なく常に活発に動ける高等な動物になったとされている。ただし、そのかわり常にエネルギーを使って体温を維持しなければならなくなり、寒くなると寝て暖かくなると起きるという、ヒキガエルが楽しんでいる優雅な生活は望めなくなってしまった。冬ごもり中のクマは、体温を維持し、子供を産み、哺乳するために、膨大なエネルギーを使う。それで、秋に大食して脂肪をため込むのである。

ヒキガエルにはそんな心配はなく、秋はのんびりと暮らしている。もっとも、少しは食べておかないと、翌年早春の繁殖に備えてすでに始まっている卵や精子の発育に、支障が出てくる恐れはある。

冬眠

一一月中旬になると、活動するヒキガエルの数はめっきり減ってくる。一九七四年の例でいうと、一〇月中旬には一夜平均一四匹活動していたのに、下旬は八匹、一一月上旬六匹、中旬五匹、そして下旬にはたった三匹になった。一二月にはいると、地表に出ているヒキガエルの姿はまず見られなくなる。

ヒキガエルに合わせて私も越冬体制にはいり、本丸通いも止めにした。暮れもおしつまった一二月二五日、ほかの用事でたまたま本丸を訪れたところ、通路の上に一匹のヒキガエルを発見した。みぞれの降る寒い日だったが、昼間は出てこないはずのヒキガエルが一匹、地面にぴったりと伏せ、手足を縮め、凍りついたように動けずにいた。手に載せて暖めてやると動き出したから、まだ生きていたことは確かである。地中にもぐりこむ前、凍えて動けなくなったドジなカエルらしい。

野生動物の調査をしていると、時々このような状況に出会って困ることがある。このカエルは、放っておけばまず間違いなく死んでしまうだろう。あるいは凍死する前でもカラスやフクロウが放っておくまい。彼とて私が指を切って標識した、大事な「私のカエル」である。土の中に埋めれば助かるかも知れぬ。でも、それでは「自然」でなくなる。この時は、かわいそうだとは思ったが、そのまま放置した。彼とはその後再会していない。

ここ数年少ないのだが、当時の金沢は雪が深かった。毎年一二月の終わりに降った雪は融けることなく、根雪《ねゆき》となって春まで残る。金沢市の真ん中にある金沢城内でさえ、ふつうの年で五〇〜六〇センチ、多い年には一メートルを越えることもある。一九八一年（昭和五六年）、いわゆる五六豪雪の年は、コンクリート造りの大学の校舎がつぶれるというので雪下ろし命令が出た。一メートルの雪で鉄筋のビルがつぶれるとは考えられない。もともと手抜き工事だったのじゃないかと、うわさの出たことがある。

ヒキガエルのすべてと言った以上、冬眠中のカエルも調べなければならないのだが、どっさり積もった雪を見ただけで、調査のほうも手抜きすることにした。もぐりこんでいる場所でもわかっているのなら雪を掘ってもいいのだが、見当さえつかないのだから、やろうと思ったら本丸中を掘り返さなければならなくなる。学生を使えば簡単だが、あいにくと彼らは当時、研究の自由を求めて闘争中であり、その肩をもっている私としては、そんなことをするわけにいかない。

ところが、ストーブを囲んで雑談していた時、「先生、ヒキガエル掘りにいきませんか」と言い出した学生がいた。彼はこれまでに何回か冬眠中のヒキガエルを掘り出したことがあるらしい。学生運動に熱を上げているとはいえ、根は生き物好きな生物学科の学生のこと、われもわれもと志願者が続出して、その場で「ヒキガエル冬眠発掘隊」が結成され、スコップをかついで本丸跡に乗り込むことになった。

学生どもは、私の指示も待たず、といって指示を待たれたら私のほうが困ったところだったが、本丸中に散開して雪を掘り始め、つぎつぎと越冬中のヒキガエルを掘り当てていった。私は、学生に呼ばれるままに走り回り、掘り出されたヒキガエルの計測や個体番号の確認に追われただけであった。このまま放っておくと学生どもは本丸中を掘り返してしまうにちがいない。適当なところで私は、教官の権限を発動して、発掘の中止を宣言した。

この日見つけた冬眠中のヒキガエルは、本丸南側の斜面の横穴に五匹、大きな樹の根のすき間に七匹、そして単に雪に埋まっていただけの一匹の、合計一三匹であった。この最後の一匹は、私が自分で掘り出したものである。学生を使って研究する気はないが、学生に使われているだけでは教官の権威にかかわる。

本丸跡には、何故そんなことをしたのか知らないが、直径一〇センチくらいの丸い石をたくさんまとめて埋めてある所がいくつかある。その石のすき間をヒキガエルが昼間のかくれ場所として使っていたから知っていたのである。必ずや冬眠の場所としても使っているにちがいないと見当をつけて掘ってみた。そこにカエルがいたから、教官としての権威はどうにか保てたのだが、冬眠の仕方は私の想像とはまったくちがっていた。石のすき間にもぐり込まず、石の上で直接雪に埋もれて冬眠していたのである。「ヒキガエルって、相当いい加減な生き物ですね」と、集まってきた学生も少々呆れ気味であった。石のすき間にはいろうとして間に合わず、雪に埋もれてしまったのだろうか。それとも、初めからはいる気などなかったのだろうか。

雪は断熱材として働くから、外気温が零下に下がっても雪の下はけっこう暖かい。カラスやフクロウからも守ってくれる。昨年暮れの凍えガエルも、すぐに雪が降って埋もれたら助かったかも知れない。だから、そのまま雪に埋めておいてもよかったのだが、この時は石のすき間に押し入れた上に雪を厚くかけておいた。自然のままに、などという原則はたちまちくずれ、要するに、その都度適当にやっていることになる。もっとも、おかげでこのカエルは無事越冬し、三年後の一九七七年、立派なオスに成長して繁殖池に姿を現わした。一九七八年、六歳まででその生存を確かめている。

もっと土のなか深くもぐりこんで越冬するのかと思っていたら、彼らは案外手抜きで冬眠するらしい。雪に埋もれただけでも生き残れるのである。

ヒキガエルが越冬中どのくらい生き残るかを示す資料が一つある。一九七三年の秋、その前年生まれの一歳半の子ガエル一七八匹に標識した。翌年春、そのうち実に一五五匹を再捕したのである。生存率は八七%に達している。その上、これらのカエルは冬眠の直前直後に捕えたものだけではなく、秋は九月から一一月まで、春は三月から六月までの長期にわたって捕えたものだから、当然、冬眠の前後に死んだものもいるだろう。

したがって、冬眠中のヒキガエルは、よほどドジなことでもしない限り、ほとんど死なないのではないだろうか。生きて活動しているからこそ敵にねらわれるのであり、雪の蒲団をかぶって寝ていれば襲われることはありえない。ヒキガエルの一年のなかで、どうやら冬眠の四か月がいちばん安全な時期であるらしい。

春の目覚め

一九七四年の春は、私にとって初めての繁殖調査の季節であった。ヒキガエルが春早く、特定の池に集まって繁殖する、いわゆる「蛙合戦」のことくらいは知っていたが、それが金沢で、いつ、どのような形で始まるのかは全然知らなかった。冬の間は調査も休みなのだから少しは勉強すればいいのだが、学生は相変わらず攻めてくるし、カエルが寝ているのに私だけ働くのもしゃくだし、いつのまにか春を迎えることになってしまったのである。

ヒキガエルが雪をかきわけて出てくることはあるまい。雪融けがいちおうの目安になるだろう。この年は三月にはいるころ根雪が融けて、あちこちに黒い地面が顔をのぞかせるようになった。そして、三月五日に初めて、雪ではなく雨が降った。その夜から私は本丸通いを始めることにした。

五日の夜は一匹も見つからず、ただ寒かっただけだったが、翌六日、本年最初のヒキガエルと出会うことができた。くしくもこの日、三月六日は、啓蟄《けいちつ》の日、つまり、冬ごもりの虫どもが這い出てくる日であった。本丸の南側、二段の石垣と二段の土の急斜面からなる高さ三五メートルの崖の上部に、二四匹ものヒキガエルが一挙に出現していた。といっても、みんないかにも寒そうにうずくまっているだけで、動く気配は感じられなかったが。

私のほうはそれから一日も欠かさず毎夜出かけていったが、カエルのほうは日をおいてぽつりぽつりとしか出てきてくれない。三日後の九日に九匹、一六日に一六匹と、人を馬鹿にしたように数合わせで出てきた。つぎに出てきたのは二一日で、二一匹だったら面白かったのだが、そこまでは合わせてくれず、この日は一〇匹にとどまった。

六日、九日、二一日には雨が降っていた。しかし、一六日は晴天であった。これらの日のすべてに共通した気象条件はないかと探してみたら、この四日とも、前日より気温が急上昇していた。カエルの目覚めには、どうやら気温の急上昇と降雨とが一役買っているらしい。

これらのカエルは、少し子ガエルがまじっていたが、すべてオスでメスは一匹もいなかった。そして、これらのオスたちの出現場所は、日が経つにつれて本丸南側の斜面から本丸の中心にある繁殖地、H池の周辺へ移っていった。二一日の一〇匹中七匹は、H池のすぐそばで見つかっている。

ヒキガエルは、オスがまず目を覚まし、気温が上昇し、雨の降る度にゆっくりと生息地から繁殖池へ移動していくらしい。

のちに論文をいくつか読んだ時に気がついたのだが、ヒキガエルの目覚めの日はたいてい、繁殖池で繁殖が始まった日が当てられている。もし私が、事前に先人の業績を勉強していたら、繁殖のひと月も前から本丸中をくまなく調べて回るなどという、ご苦労なことはしなかったにちがいない。そして、ヒキガエルのオスが繁殖のひと月も前から目覚めているという世紀の大発見（？）もできなかったであろう。あらかじめ勉強しないというやり方は、かくのごとく大切なのである……？

繁殖の始まり

二一日の一〇匹を最後に、ヒキガエルはぱったりと姿を見せなくなった。そして四月一日、エイプリル・フールの日に、突然繁殖が開始された。H池の周りにオス一六匹が散らばり、うち五匹は早くもメスに抱きついていたのである。

オスとメスとがつがう行為をふつう交尾と言う。カエルの場合は、しかし、メスが産み出した卵に体外で精子をかけるだけだから、交尾とは言えず「抱接」と言うことになっている。カエルは尻尾を持たない無尾類だから、もともと交「尾」はできない。オスがメスの背中に乗り前足でしっかりと抱きかかえるのが、カエルの抱接である。この日のために鍛えたわけでもなかろうが、前年秋ごろからオスの前足は太くなり始め、繁殖期になると、ちょうどポパイの腕のようにたくましくなる。その上、前足の指二、三本の背側に、黒いざらざらしたかさぶたのようなものが発達して、メスに抱きついた時のすべり止めにする。ヒキガエルはふだん、オスとメスの区別はほとんどつかないのだが、オスに生じるこれらの二次性徴から、繁殖期にかぎり一目で区別がつく。メスは、卵でお腹がふくらんでいることを除けばいつもと変わらない。それで、やや成長した子供と小さなメスの区別はつけにくい。

四月六日に繁殖は最高潮に達した。抱接したつがいが、池のなかに四組いて、そのうち二組は産卵中であった。池の近くの地上にも一組いて、池へ向かっていた。メスに出会えていない単独のオスは、池のなかに一四匹、池の周りに七一匹もいた。合計すると、オス九〇、メス五の九五匹である。

これは私が男だからだろうが、オスにくらべてメスがあまりにも少ないことが、大変気になった。カエルではたいていオスよりメスのほうが少ないのだが、九〇対五ではあんまりではないか。

翌七日の夜も繁殖は続き、抱接六組と単独オス六〇匹がH池の周りに集まっていた。そしてこの夜、池からずっとはなれた本丸内のあちこちに、メス三五匹が散らばっていたのである。いよいよメスの本隊が出動してきたらしい。明日の夜には彼女らが池へと行進し、繁殖はクライマックスを迎えるにちがいない。全部は無理としても、かなりのオスがメスを捕えることができるだろう。

ただ、これらのメスがすべて小柄でやせているのが、私にはちょっと気がかりだった。

繁殖終わる

翌八日、私は大いなる希望をいだいて本丸跡へと出向いた。しかし、池の周りにはぽつんぽつんとオスが散らばっているだけで、メスの姿はまったく見えない。昨日現われたメスの大群は、池の周囲にも本丸のどこにもいなかった。まさに彼女らは忽然と消え去ってしまったのである。繁殖は峠を越え、明らかに終わりに向かっていた。この日はそれでも二三匹のオスがいたが、それもつぎつぎといなくなり、一〇日の夜には池のなかにオスが一匹、ぽつんとさびしく浮かんでいるだけとなった。

ところで、この年の四月一一日は、日教組大学部が何を血迷ったのか、賃金カットを補償するための非常闘争資金もないくせに、全一日のストライキ指令を出した日であった。初めて金沢へきた時、大学が金沢城のなかにあるのを見て、これはピケを張って立てこもるにはもってこいのところだと思っていた私は、組合の集会で「ストをやるのなら、城門を閉ざして籠城しませんか」と提案したのだが、一言のもとにはねつけられてしまった。そして、城を捨てて城下の観光会館に立てこもることになった。もちろん、講義はすべて放棄することになっていたが、新学期が始まったその日に講義する先生などほとんどいないから、実質的な影響はない。むしろ、私のカエル調査が問題になった。一七時以降だからいいのではないかと言う人と、二四時間ストだから夜でもいけないと言う人がいて、みんな面白がって大議論になってしまった。結局、忠実な組合員である私は、スト指令にしたがってこの夜の調査は取り止めにした。すでに昨夜、繁殖が実質的に終了していたからで、これがもし、繁殖の最盛期にあたっていたら、たちまち忠実でない組合員になっていたにちがいない。翌一二日に行ってみたら、オスは一匹もいなくなっていた。ストのおかげで、この年の繁殖終了日が一〇日だったか一一日だったかは、永久の謎として残ってしまったというわけである。

それはどうでもよいのだが、問題は、七日の夜突然現われ、八日の夜突然消えた、メスの大群の行方である。この謎が解けたのはずっとのち、調査を終え論文をまとめていたころであった。その謎解きは、次章まで楽しみにとっておこう。

春眠

謎を残したまま、この年の繁殖は終わった。桜も散り、日増しに暖かくなり、ヒキガエルの好きな春雨も時々降るようになった。ところが、今日こそはと毎夜足を運ぶ私の前には、静まり返った本丸跡が待っているだけだった。フクロウは盛んに鳴いてくれるが、肝心のヒキガエルは全然姿を見せてくれないのである。

ヒキガエルの気紛れにはついていきかねると、気紛れでは人後におちない私が思い始めたころ、正確には繁殖終了後一五日目の四月二五日、一八ミリの降雨とともに一一三匹のヒキガエルが、突然、文字通り本丸跡を埋めつくすように出現した。

何日も無駄足を踏まされたあと、どっと現われたカエルを見るのはうれしいものである。特に自分の手で標識をつけた、と言っても指を切っただけだが、カエルを見つけると、旧知に出会ったようななつかしささえ感じる。この時すでに五〇〇匹余りに標識していたのだから一匹一匹覚えているわけはないのだが、少なくとも私が一度は手にとったことのあるカエルであることは確かである。「元気にしていたか」「傷がきれいに治ってよかったな」

だれもいないのを良いことに、カエルに声をかけながら楽しく調査を進めていたのは、しかし、初めの五〇匹くらいまでだった。ヘッドランプの電池が切れてきて暗くなり、春とはいえまだ冷たい雨が身にしみてくると、言うことが変わってくる。「またいたな」「ええ加減にせえよ」「何でこんなたくさん出てくるんや」

この日の調査は、深夜一二時を過ぎても終わらなかった。

繁殖を終えたヒキガエルは、またねぐらへ帰って寝てしまう。あるいは、冬眠中にちょっと目を覚まして繁殖すると言うべきか。その期間は、この年一五日間、一九七五年一三日間、一九七七年一五日間と、ほぼ正確に二週間くらいであった。これをヒキガエルの春眠という。夏眠とともに春眠もまた私の大発見だと思っていたら、このほうはスイスの蛙学者ホイセルがすでに、ヨーロッパヒキガエルで見つけていた。スイスでもヒキガエルはあまり勤勉でないらしい。

春の活動期

夏は夏眠、秋にちょっと働いてすぐ冬眠、春に一〇日ほど繁殖に精を出したかと思うとまた春眠。この怠け者、いったいいつ働くのだ、と言いたいところなのだが、私にはそうは言いにくい事情がある。大学の先生にも、夏休み、秋休み、冬休み、春休みがあるからである。これではヒキガエルと大して変わりはない。

繁殖、春眠を終えたヒキガエルたちは、四月下旬からいよいよ春の活動期にはいる。五月と六月とは、彼らにとって餌を採り成長する唯一の重要な期間である。なかでも、前年生まれの子ガエルたちは、この期間に大きく成長しなければならない。

とはいえ、その生活はやはり「雨食晴眠」を頑固に守っている。雨が降るとどっと現われ私を疲れさせるが、天気がよいとほとんど出てこず、やはり私を疲れさせる。でも、ほかの時期にくらべると、ヒキガエルも私も少しは真面目に働いていた。

ところが、あとで資料を整理してみると、ヒキガエルの働きぶりには裏があった。全体としてみると、一夜に一〇〇匹も出てきたりして大いに活動しているかのように見えたが、個々の個体毎に見ていくと彼らはけっこうさぼっていたのである。そのことは次節で明らかにしよう。

ヒキガエルの一年

夏から始めた話が、また夏にもどってきた。ここで、ヒキガエルの一年をまとめておこう。ヒキガエルの一年を基本的に支配しているのは、気温である。これは変温動物の宿命と言ってよいだろう。その上に、降雨、それにともなう餌の状態の変化、そしてヒキガエル自身の腹具合などが働き、その時どきの行動を修正していく。

一日の最低気温は、冬の間はたいていマイナスまで下がる。三月にはいってもマイナスの日が続くが、時に気温が急上昇する日も出てくる。最低気温がマイナスからプラスへ、五度ないし一〇度くらい急上昇し、同時に降雨をともなった時、ヒキガエルは冬眠から目を覚ます。ただし、これで起きるのは成熟したオスだけで、メスと子供はまだ寝ている。

繁殖が始まるのは、最低気温が〇度から一気に数度上昇し、特に同時に雨が降った時である。こうなると、オスは池に集まり、メスも目覚めて池へやってくる。そしてほぼ一〇日間で繁殖は終わる。この間、子供はまだ目を覚まさず、繁殖の場には出てこない。

ひとたび繁殖が始まれば、雨が止んでも、気温が少々下がっても、中断することはない。ただし、最低気温がマイナス二、三度にまで下がれば、ヒキガエルは凍えてしまい、池のなかやその周りで動けなくなってしまう。

繁殖が終われば春眠である。この春眠からの目覚めもまた、気温の上昇と降雨によるらしい。ただし、冬眠からの目覚めより一段高く、最低気温が五度から一〇度以上にまで急上昇しなければならない。ずっと寝続けていた子供にとっては、これが冬眠からの目覚めの条件となる。

ヒキガエルの春の目覚めはこのように、オス、メス、子供で微妙にずれている。その結果、ヒキガエルの親たちは、子供がまだ寝ているうちに繁殖をすませることができるのである。もちろん、ヒキガエルのことだから「教育的配慮」と言うわけにはいかないが、それに近い説を考えてみた。それは、あとでまとめて話すことにしよう（第六章）。

最低気温が一〇度を越すようになると、ヒキガエルは採食活動を活発に行なう。ところが、七月にはいり最低気温が二〇度を上回るようになると、ふたたび不活発になり夏眠にはいる。そして、九月になって最低気温が二〇度を切るようになると、また活動を再開する。これが秋の活動期である。一一月、最低気温が一〇度を下回るころから次第に動きがにぶくなり、五度を切るとすべての個体が冬眠にはいる。

ヒキガエルの一年の活動は、以上のように、基本的には気温によって支配されていると言ってもよいようである。最低気温でみて、〇～一〇度で繁殖活動、一〇～二〇度で採食活動を行ない、それ以上でも以下でもどこかへもぐってしまって動かない。マイナス四〇度からプラス四〇度の間で働いている人間からみると、なんとぜいたくな温度に対する好みであろうか。

ヒキガエルの優雅な生活

終夜観察における個体の入れ替わり

私の先生である森主一氏（京都大学名誉教授）は、知る人ぞ知る動物の周期活動の大家であり、常々「動物の活動には一日のリズムちゅうもんがある。昼間だけ調べても駄目や。夜も見な、いかん」と、私たち学生を教育された。おかげで私たちは、何の調査をしても必ず夜昼両方調べるというくせがついてしまった。凍りつくような冬の夜、海へ漕ぎ出して底引き網を曳いたこともあるし、夜の川へアユの寝姿をのぞきにいったこともある。海に潜って魚を眺めていた時も、少しは夜の魚の行動も見ておかないと森先生に叱られると思い、水中用のランプなどない時代だから、カーバイトに水をかけると発生するアセチレンガスを利用した、今の人には想像もつかないような灯りを岩の上において、深夜一人で潜ったことがある。ところが、当然のことだが、光のとどく範囲の向こうは真暗闇で、その闇がアメリカまで続いていると思ったら何とも怖くなって、一回だけで止めにした。夜の海のほうが、森先生よりも怖かったということになる。

ヒキガエルは、繁殖期を除けばほぼ完全な夜行性の動物で、昼間にその姿を見ることはまずない。とはいえ、夜は長い。その長い夜の何時ごろにいちばんよく活動するかを調べるために終夜観察をやったことはすでに述べたが、これもまた、森先生の教育のたまものであろう。その結果をもう一度要約しておくと、昼間から雨が降り続いている日は、日没とともに出てきて真夜中過ぎには引き上げる、夜にはいってから雨が降り始めた日は、その時刻から活動を開始する、というものであった。つまりヒキガエルは、夜と雨とが重なった時に主として活動する生き物なのである。

このように書くと、夜と雨という条件がそろえばすべてのヒキガエルが活動するととられそうだが、この終夜観察の資料を個体別に集計したところ、とてもそんなことは言えないことがわかった。一九七四年一〇月の調査を例にとって説明しよう。

この夜の第一回調査は二〇時から二二時過ぎまでかかり、四三匹のヒキガエルを見つけた。少し休んで、第二回調査は二四時から始め午前二時までかかった。まったく同じコースをまわり、見つけたカエルは三三匹である。ところが、そのうち第一回にも出ていたものはたったの四匹、あとの二九匹は新しく出てきたものであった。そして、四時前から五時までの第三回調査の一四匹は、全部が別のカエルに変わっていた。つまり、三〜四時間おきの調査で、カエルは毎回、ほとんど入れ替わっていたのである。

調査コースは主として幅二メートル程度の通路だから、ヒキガエルが採食しながら移動していくとすれば、個体が入れ替わっていても不思議はない。しかし、ヒキガエルの採食は待ち伏せ型だから、そう大きく移動はしないはずである。また、この時の調査コースには南側斜面の中腹にある石垣の下の広場も含まれていて、ここでは相当動いても再発見できるはずだから、この資料が示しているほどではなくても、同じ夜の間にヒキガエルの活動個体が大幅に入れ替わっていることは確かのようである。

この日は夕方一六時ごろから雨が降り始め、二四時過ぎまで降っていた。暗くなるやいなやカエルは餌を求めて出てきたが、その大部分は、二四時ごろまでにはねぐらへ帰ってしまったらしい。第二回調査で初めて見つけたカエルは、もっとおそくなってから出てきたものだろう。そして、明け方の調査で見つけた一四匹は、午前になってから出動したものと思われる。

雨が降り、夜になったからといって、すべてのカエルが直ちに出てくるわけではないらしい。すぐとび出してくるものもいれば、ゆっくりかまえて出てくるものもいる。それらがそれぞれの個体の性質、いわば個体性によるものなのか、その時の主体的条件、たとえば腹具合、によるものなのかまでは、この資料からは分析できなかった。常に夜明けに現われる個体などがいれば面白かったのだが。

また、出てきたカエルがせいぜい三、四時間で帰ってしまうことも、私には興味がある。調査を三、四時間おきにやったからそうなったが、二、三時間おきにやっていれば、ヒキガエルはもっと早くねぐらに帰るという結果が出たかも知れない。出てきてすぐ、運よくミミズの一匹でも見つけて呑み込めば、満足して帰って寝てしまうのだろう。第二回の調査まで居残っていた四匹は、運の悪かったカエルにちがいない。

一九七七年の春、何にとりつかれたのか私は、終夜調査を一か月の間に三回もやっている。

その三回の調査で見つけたヒキガエルは合計一四七匹であった。そのうち、三回とも出てきたのはたった三匹（二％）、いずれか二回に登場したのでさえ一五匹（一〇％）にすぎない。残り一二九匹（八八％）は、そのうちの一回にしか出ていなかった。

この三回の調査は、いずれも暖かい雨が降った絶好の条件の夜であり、見つけたカエルの数も七三匹・四六匹・五八匹と大変多かった。春はヒキガエルの最大の活動期であるにもかかわらず、彼らは雨の降る良い条件の夜でさえ、活動しないことのほうが多いらしい。この私が感心するくらい、彼らは怠け者のようである。

もっとも、私は本丸跡のヒキガエルをもれなく全部調べたわけではない。ヒキガエルの「労働の実態」を明らかにするには、本丸跡にヒキガエルが何匹いて、その何％を私が捕えているのかを知る必要がある。

個体数推定

何でも計算し数字で示すのが、近代科学というものらしい。カエル西向きゃ尾は東、などとのんびりしたことを言ってる時代は過ぎた。もっとも、カエルは無尾類だから西を向いても東に向く尾はないが。古き良き生態学、いわゆるナチュラル・ヒストリー（自然誌＝博物学）にも、数学の嵐が吹き込んできている。生き物が、何をしているか、ではなく、何匹いるか、に、まず興味を持たなければ、近代的生態学研究者とは言えないことになっている。

私は今でも、何匹いるかより何をしているかに興味を持つほうだから、近代生態学者としては落第である。といって、生き物の数を数えないわけではなく、これまで人一倍数えてきた。数えなければ何をしているかもわからないことが多いからである。

海に潜っていたころ、魚を見ると勘定するくせがついていた。小さな群れなら一匹二匹と数えればよいが、大きな群れになるとそれでは間に合わない。そこで、一〇匹単位で数えるという芸当も身につけた。今は身からはなれているが。ある時、小アジの大群に出会った。見渡すかぎり小アジばかりで、一〇匹単位の数え方も役に立たない。こんな時は「エイッ、一目千匹」と数える。少し行くと、群れからはなれた三匹の小アジに出会って「三匹」と記録した。あとで集計する時に困ってしまった。一〇〇三匹とも書けないし。

魚は堂々と泳いでいるから数えやすい。しかし、陸上の生き物はかくれていることが多いので、数えるだけでひと仕事になってしまう。そこで、ある場所にいる生き物の数を調べる個数推定法が発達した。その一つに、標識再捕獲法というのがある。まず一〇〇匹捕まえ、標識して放す。しばらくしてまた一〇〇匹捕まえ、その中に標識のついている個体が何匹いるかを数える。もしそれが一〇匹だったら、そこにいる総数は、一〇〇×一〇＝一〇〇〇匹となる。

もっとも、この計算が成り立つためには、そこにいる個体が逃げ出したり入ってきたりしない、標識した個体はうまく混じり合う、再捕の時偏った捕り方をしない、などといった、自然ではありえないような数々の条件を満たさなければならない。そこでいろいろ工夫して、実際にはもっと複雑な数式が使われているが、原理は同じである。

もっと確実に、何匹いるかを調べる方法がある。全部捕まえてしまえばよいのである。敗戦後、私たちがまだ研究費に困っていたころ、戦勝国アメリカの生態学者は大きな湖を干し上げてすべての生き物を捕まえてしまうといった「大」研究をやっていた。これこそほんとうの生態学だとあこがれていた人もいたが、たとえ琵琶湖を干してしまっても、モロコが何匹いたかがわかるだけで、生態学が進歩するとは思えない。

全数を調べるもっといい方法は、捕まえて標識して放し、また捕まえて標識して放し、標識のついていない個体がいなくなるまで続けることである。すべてに標識がつけば、全個体数は自動的にわかるし、その間何回も捕まった個体については、その動きや生活もわかってくる。

私は、数を数えるのは得意だが計算は苦手なので、これでいこうと思った。本丸跡は市街地に囲まれ孤立しているし、ヒキガエルほど簡単に捕まえられる生き物はいない。しつこく続ければ、全数とまではいかなくても、相当いいところまでいけるだろう。

その見通しは甘かった。標識をつけてもつけても、まだついてないカエルが出てくるのである。一九七三年夏に調査を始め、その年の暮れまでに大小とりまぜ四二五匹の指を切り落としたが、翌七四年の春、繁殖に集まってきたヒキガエルを調べてがっかりした。五体満足の個体が半数以上を占めていたからである。この繁殖期間中、私はさらに一三〇匹のカエルの指を切り落とさなければならなかった。標識個体はこの時点で五五五匹に達した。

繁殖をすませ、春眠を終えたヒキガエルが、初めて大挙出現したのが四月二五日、一一三匹であった。そして、このなかにまだ標識のついていない個体がなお四〇匹（三五・四％）もいた。この日以前に標識したのは五五五匹だから、単純に計算すると、この狭い本丸跡におよそ八五〇匹ものヒキガエルが住んでいたことになる。予想以上に多いと思ったが、のちに別の方法で計算したら、このころのヒキガエルの総数は何と二〇〇〇匹にも達していたことがわかった。その大半は、一歳から二歳の子供だったのだが。

ほとんど毎夜のごとく本丸跡へ通ってヒキガエルを捕まえ続けても、標識できたのは四分の一強にすぎなかった。すべてのカエルに標識をつけるという私の大計画はかくして早々に挫折してしまったのだが、ずっと後になってはからずも実現した。数年にわたって繁殖に失敗し続けた彼らが、絶滅寸前にまで減ってしまった時である。

ヒキガエルの労働時間

相当怪しい計算だが、一九七四年の春、本丸跡には二〇〇〇匹のヒキガエルがいたということにしよう。つぎの問題は、私の調査がヒキガエル全体の何%を発見していたのかということである。

もしヒキガエルが本丸跡全域に均等に散らばっているとすれば、当時の調査面積二七〇〇平方メートルを本丸跡の全面積五万平方メートルで割った五%が、その答となる。ところが、正確に調べたわけではないが、ヒキガエルも私と同様、草の茂った所よりも通路のような裸地を好むふしがあり、そうだとすればもっと高率に発見していることになるはずである。これもあとで(第五章)説明するが、別の方法で発見率を推定したところ、およそ二〇%となった。はからずも私は、きわめて効率の良い調査をしていたわけである。そこで、発見数を五倍すれば本丸跡全体の生息数になる。

一九七四年春に最もたくさん出てきた夜は、六月一七日の一一七匹であったが、それを五倍しても五八五匹、総数二〇〇〇の四分の一強にすぎない。残り四分の三は、この最も良い条件の夜でさえ、ねぐらで寝ていたのである。

この年の春、私は雨の夜一〇回、晴れまたは曇りの夜一一回の調査をして、それぞれ平均六七匹と一〇匹のカエルを発見した。五倍して実数に直すと、三三五匹と五〇匹になる。四月末から六月末までの間に、雨の日が一三日、晴れまたは曇りの日が五四日あった。したがって、この春採食に出てきたカエルの総数は延べ七〇五五匹、一日平均にして一〇五匹であった。

この数字だけ見れば多いように思うが、これは生息総数のわずか五％にすぎない。逆に言えば、ヒキガエルは平均して二〇日に一回採食に出てくるだけなのである。春の活動期はおよそ三か月、九〇日間続くが、その間に四・五回しか出てこない計算になる。その上、たまに出てきても、せいぜい四～五時間で帰ってしまうのである。

ついでに、ヒキガエルの年間労働時間を計算してみることにしよう。春の活動期に出勤五日・二五時間、夏はせいぜい一日・五時間、秋の活動期は、春と同じとおまけして五日・二五時間。冬は冬眠だからまったく働かない。年間通して出勤一一日、労働時間五五時間。これがヒキガエルの一年の働きぶりである。

元にした資料がそれほどたしかではないから、この数字をそのまま信用することは私もしないが、年間一〇〇時間に達しないことはまず間違いないだろう。一九八七年の資料では、日本の労働者は年間二五三日働き、労働時間は二一六八時間だという。最も少ない西ドイツ（当時）でさえ、二二一日・一六四二時間。一九九一年も日本の労働時間は二〇〇〇時間を切れなかった。

人間とは如何によく働く動物であるかと、改めて感心せざるを得ない。もっとも、ゾウはその巨体を養うために一日二〇時間近くも食べ続けているという報告を読んだことがあるから、ヒキガエルの生活の優雅さは、動物界のなかでも際立っているのかも知れない。

食べるほうではかくのごとく淡白なヒキガエルも、繁殖にはもっと真面目に取り組んでいる。オスのなかには、一〇日間の繁殖期間の初めから終わりまで皆勤するものも珍しくない。一日五時間として五〇時間となり、採食のための年間労働時間にほとんど匹敵している。

そのヒキガエルの繁殖について、章を改めて話すことにしよう。

第三章　繁殖

ヒキガエルを繁殖に誘うもの

繁殖わずか一〇日間

金沢城のヒキガエルは、例年三月終わりから四月の初めにかけて繁殖を開始する。冬中地面をおおい隠していた根雪は融け、桜の花芽が赤く色づき始めるころである。

もっとも、年によって相当ずれることもある。一九七六年は三月一五日に繁殖が始まり三月中に終わってしまった。一九七九年は二月に突然暖かくなり、根雪が融けて地面が顔を出した。まさかと思いつつ本丸跡に出かけてみると、H池の周りに一〇数匹のオスとメスが集まり、なかには抱接している気の早いものもいて、目を疑ったこともある。この時はその直後に寒さがぶりかえしてみんないなくなり、結局繁殖が始まったのは例年通り四月の初めになったのだが。

ヒキガエルの繁殖は、早春のある夜突然たくさんのオスが、池とその周辺に集まることによって始まる。やがてメスが現われ、抱接と産卵が行なわれる。メスもまたいっせいに出てくることが多く、繁殖の盛期はほんの二、三日のことが多い。メスがこなくなっても、未練気なオスが何匹か、すでに静まり返った池のなかに残っているが、やがて彼らも去り、繁殖は終わる。

この間九日か一〇日であり、途中で寒波におそわれ中断した年でも一五日間を越えることはない。ヒキガエルの繁殖が終わったころ、金沢城の桜は満開となり、その下を通ってその年の新入生が、希望に胸をふくらませて登校してくるのだが、ひと月も経つと希望は失望に変わることになる。

日本でふつうに見られるカエルは、トノサマガエルにしても、モリアオガエル、カジカガエル、アマガエルでも、繁殖は春から夏まで二、三か月もの間続く。たった一〇日間で繁殖をすませてしまうのはヒキガエルだけらしい。もっとも、アメリカにはたった一晩ですべての手続きをすませてしまうスペードフットといったうわ手もいるが。同じカエルでありながらなぜこのようにちがうのか、いろいろと理屈はつけられてはいるが、結局のところはよくわからない。それぞれのカエルにはそれぞれの都合があるのだろう。

カエルの都合はともかくとして、ヒキガエルの繁殖期間が一〇日間だったことは、私の都合にとっては大変良かった。その一〇日間何とか頑張れば、一年の仕事の大半ができてしまうからである。私のいる研究室にモリアオガエルの調査をしている院生がいたが、彼は毎年、春から夏へかけての三か月間ほとんど一晩も休まず調査に出かけ、夏になるとくたびれ果てていた。

といって、都合の良いことばかりでもない。この一〇日間は、親が死んでも風邪をひいても休めない。病気で二月に入院した年があったが、三月終わりが近づくとカエルが気になってきて、主治医に頼んで早目に退院させてもらったし、卒業生の仲人を頼まれたときは、披露宴の帰りに礼服を着たままで調査したこともある。日本生態学会の大会は毎年四月の初めにあり、見事にヒキガエルの繁殖と重なる。研究熱心(?)な私のことだから、調査期間中涙を呑んで学会を欠席した。もっとも、調査が終わってからもほとんど行っていないから、これは都合が良かったほうに入れるべきかも知れない。

学会にも行かず調査にうちこんだ結果、H池で八回、Y池で六回、M池でも六回、合わせて二〇回もの繁殖の資料が集まった。たった一〇日間とはいえ、ヒキガエルはずいぶんいろいろなことをやっている。順を追って紹介していこう。

繁殖開始と温度

一〇日間という短い繁殖期間に、すべてのオスとメスとがうまく出会い産卵するためには、よほどタイミングを合わせておく必要がある。事実彼らは見事にタイミングを合わせ、同じ晩にどっと現われる。彼ら、彼女らは、いったい何をきっかけにして、みんな同時にその気になるのだろうか?

まず、だれでも考えつくのは、冬から春へと次第に上昇していく気温、特にヒキガエルが動き出す日没時の気温である。日本のヒキガエルにきわめて近縁なヨーロッパヒキガエルで調べたある学者は、日没時の気温が四度を越えると繁殖が始まると言っている。南アメリカの南端に住むヒキガエル（ブフォ・ヴァリエガータ）では、日没時に気温が七度以下なら出てこず、八度を越えて初めて現われるそうである。熱帯に住むとカエルでも寒がりになるらしく、北アメリカ南部のヒキガエル（ブフォ・アメリカヌス）は二〇度を越えないと出てこないらしい。

カエルは変温動物だから、気温がある程度以上にならないと動けないことは確かである。しかし、その年初めて四度、八度、二〇度を越えた日に、みんながいっせいに動き始めるとは少々考えにくい。冬から春への気温の変動は気紛れで、冬の最中でも小春日和と言ってけっこう暖かい日がある。

私は自分で気温を測らなかったから、日没時の気温の記録はない。ただ、植物園の主瀬藤政雄さんの資料から、その日の最高と最低の気温はわかっている。時にはそうでないこともあるが、最高気温は午後、最低気温は明け方に出ることが多い。そこで、当日の最高気温と翌日の最低気温の平均をとれば、日没時の気温に当たらずといえども遠くはなかろう。調べた二〇回の繁殖中、開始日を確定できた一一回について計算してみたら、日没時の推定気温は、三・二度（一九七九年、M池）から一六・七度（一九七四年、Y池）まで、大きな差が出てしまった。当日の気温の絶対値によってヒキガエルが繁殖を始めるということは、どうやらありえないようである。

繁殖前のヒキガエルは土のなかで冬眠している。すると、気温よりも土のなかの温度、地温が効くのではなかろうか。変動の大きい気温よりも、あまり上下せず比較的確実に上昇していく地温のほうが頼りになる。こう考えて綿密に地温の測定をやった研究が、日本で二つ発表されている。一つは、信州・美鈴湖に集まるアズマヒキガエルについて、青柳正彦氏ほかの人々が調べた研究で、地温が六・六度を越えた日に繁殖が始まるという。もう一つは、久居宣夫氏と菅原十一氏が東京・目黒の自然教育園内に住む、同じアズマヒキガエルについて調べた結果で、地温六度と繁殖開始とが相関しているとのことである。両者の結果は見事に一致していて、なかなか有力な説と言えよう。

私は地温など一回も測っていないから、この結論に注文をつける権利などないのだが、たとえ地温でも、ある温度の絶対値を越えたとたん、すべてのヒキガエルがいっせいに目覚めて動き出すといったことは、やはり考えにくい。また、たとえそうであったとしても、山の北側と南側とでは地温の上がり方もちがっているはずで、冬眠している場所によって目覚めの日は変わらざるを得ないのではなかろうか。

繁殖開始と降雨

もちろん地温や気温がある程度以上に上昇しなければ、変温動物であるカエルは動きたくとも動けない。温度についての条件がととのった上で、さらにカエルをしていっせいにその気にさせるきっかけがあれば、いちばんうまく説明がつく。

第二章で、ふだんヒキガエルを行動に駆り立てる原因に降雨があることを述べた。雨というものは、連続的に変化していく温度とはちがって、降るか降らないかの二者択一である。いっせい行動の引き金としては、このほうがふさわしい。事実、乾燥地帯に住むカエルのなかには、明らかに降雨がきっかけで繁殖を始めるものがいる。すでにふれた北アメリカ南部の砂漠地帯に住むスペードフットや、そのほか数種のヒキガエルは、春先の初めての降雨とともに大挙して現われ、その夜のうちに繁殖をすませてしまう。彼らにとっては、池に水がたまっていることこそが、いちばんの大事なのである。

二〇回の繁殖調査のうち、開始日がはっきり特定できたのは一一回であった。そのうち九回は、その日に雨が降っていた。日本のヒキガエルもやはり、降雨を繁殖の引き金としているようである。もっとも、雨が降らないのに繁殖を始めた例が二回ある。これはいずれもM池で起こっていて、この単なるコンクリート製の溝であるM池のヒキガエルはほかの点でも変な行動を見せ、せっかく考えた私の「統一理論」を片端から打ち壊してしまう、まことに困った存在なのである。「降雨引き金論」もおかげで絶対とは言えなくなった。

ところで、三月も中旬を過ぎると、北陸金沢の地でも雪から雨に変わる。ところが、三月後半の雨はヒキガエルを繁殖に駆り立てることがまずない。そこにはやはり、温度の条件が必要になってくるにちがいない。それは何だろうかと資料をひねくりまわしているうちに、面白いことに気がついた。繁殖が始まった日、もしくはその直前に、急激な気温の上昇が起きているのである。しかも、これには例外がない。繁殖はすべて、気温上昇のピークの日か、おそくともその一日ないし二日後に開始されている。ピークの日に雨が降ればその夜に、降らなければその後に降った夜に、ヒキガエルの繁殖は始まる。

H池七回の繁殖開始直前の気温上昇を平均すると、最低気温では、マイナス一・八度からプラス四・一度まで五・九度、最高気温でみると、五・二度から一七・二度への一二・〇度であった。最低気温がマイナスからプラスへ、一、二日のうちに五、六度ほど上昇すると、ヒキガエルたちはいざ繁殖と心の準備をする。そこへ雨が降ると、いっせいに池へとび込む。というのが、私の描いた繁殖開始のシナリオだが、どうだろうか。

この説の良いところは、ヒキガエルをその気にさせる温度を、四度とか八度とか絶対値で決めず、上昇の仕方という相対値で考えていることである。温度急上昇の前の気温が低ければ、その年の繁殖は比較的低い気温で始まり、高ければ高い気温で始まる。開始日の気温に相当な差があったことも、充分説明可能である。

人間でも、梅雨明けに急に暑くなったり、その年初めて寒波がきた時などに、いちばん身体にこたえる。若いころはそんなこと考えもしなかったが、このごろはよくわかる。生き物は、人間も含めて、温度の絶対値ではなく、相対的な変化を最も敏感に感じるのである。もっとも、絶対値もよく効くこともある。いつだったか、気温三八度の大阪の街を歩いていて、死にそうになったことがある。

卵の凍死

ヒキガエルには、いっせいに池に集まらねばならぬことのほかに、もう一つ、毎年正確に繁殖の時期を決めねばならぬ事情がある。

一九七六年、一九七七年と二年続けて、H池のヒキガエルは三月中に繁殖をすませた。そして両年とも三月末に訪れた急激な冷え込みによって、孵化直前の卵が全部凍死してしまった。一九七九年のM池でも、三月中旬に産みつけられた卵はやはり凍死した。四月にはいってから繁殖が始まると、卵は高率で孵化し、すべてオタマジャクシになることができる。

北陸地方では三月の終わりまで天候は安定せず、暖かい日があるかと思うと急に冷え込んで、雪やみぞれの降ることも珍しくない。四月上旬でも時に寒波がきて、ヒキガエルも私もふるえ上がり、繁殖も調査も中断することもある。しかし、桜が満開になる四月中旬以後は、まずそういう冷え込みはこなくなる。

四月上旬というヒキガエルの繁殖日程は、だから、卵を凍死させないぎりぎりの限界なのである。その時期をできるだけ正確に決めるために、ヒキガエルは気温の急上昇と降雨とをセットにして利用しているのだと思われる。

だまされたヒキガエル

それだけ工夫をこらしているヒキガエルでも、時にはだまされることがあるから面白い。一九七九年は記録的な暖冬で、二月というのに根雪はおおかた融けてしまった。ひょっとしたらヒキガエルが出てくるかも知れないと、時々本丸跡へ見にいっていたら、果たして二月二三日に彼らはH池に集まってきたのである。オスばかりでなくメスまできていて、早くも抱接しているあわてものもいた。この日の三日前の二月二〇日はこの冬いちばんの寒い日で、最低気温はマイナス五・二度を記録した。ところがその後急激に暖かくなり、二三日にはプラス四・二度に達した。三日間で九・四度も上昇したことになる。そしてこの日、三八ミリの雨が降った。ヒキガエルを繁殖に誘い出す条件、すなわち最低気温がマイナスからプラスへ数度急上昇し雨が降るという条件に、まさにぴったり当てはまっている。こうしてヒキガエルは、まだ二月だというのに、だまされて出てきてしまったのである。

もっとも、すべてのヒキガエルがだまされたわけではない。正常の四月初めの繁殖なら初日から一〇〇匹近くのカエルがどっと出てくるのだが、この日出てきたのはオス一四匹、メス五匹にすぎなかった。気温はこの日をピークにまた下がり始め、翌二四日にはオス六匹、メス一匹に減り、二五日にはすべてどこかへかくれて繁殖は中断した。

暖かい日がせめて四、五日も続けば、彼らは繁殖を強行し、産みつけられた卵はその後の冷え込みですべて凍死したにちがいない。でも、二月や三月ではいくら暖冬だといっても、そんなに長く暖かい日は続かない。彼らは池の近くでまたどこかにもぐり込んでしまい、実際に繁殖を始めたのは例年通り四月一日であった。だまされかけたが辛うじて見抜いたというところか。

ただし、同じ年、M池のヒキガエルは完全にだまされ、三月初旬に産卵してしまった。その卵が全部凍死してしまったのは言うまでもない。

「消えたメス」の謎

前章で一九七四年の繁殖について書いた時、四月七日に現われたメスの大群が翌八日に突然消えてしまった謎にふれた。ここでその謎解きをしておこう。

繁殖が終わると、オスもメスもまた生息場所に帰ってもう一度寝てしまう。春眠である。そして四月下旬に、今度は子供と一緒にもう一度目覚める。この春眠からの目覚めもまた気温の急上昇と降雨のセットによる。ただし、繁殖の目覚めが最低気温のマイナスからプラスへの上昇であったのに対し、春眠からの目覚めは五度から一〇度以上への上昇である。

そこで、一九七四年四月七日、小型のメス三五匹が現われた日の気象条件を検討してみることにしよう。その前日、四月六日の最低気温は一・一度と低かった。この夜は晴天だったので放射冷却が起こったのだろう。しかし、昼間になると気温はどんどん上がり、午後の最高気温は一六・八度となっている。当日、七日の早朝は六・四度で、前日より五・三度も上がっている。そして、午後になると、四月上旬としては異常な二三・六度を記録した。

この気温上昇は、繁殖開始よりも春眠からの目覚めの条件に近い。それで、繁殖中であるにもかかわらず子供を起こし、採食に出動させてしまったというのが、その謎解きである。私が小型のメスと思った個体は子供であったにちがいない。メスは二次性徴を示さないので、繁殖期でも子供とメスとは大きさ以外で区別しにくいのである。彼らが繁殖池の周りではなく本丸跡全体に散らばっていたことも、そう考えると理解できる。

気温のあまりの上昇にだまされて早く起きすぎた子供のうち、たまたまH池の近くに迷い込んだものは、とんだ災難に出会った。動くものなら何にでもとびつくオスに抱きしめられ、子供は鳴かないからはなしてもらえず、息も絶え絶えになっていたのである。もっとも、当時の私はそれが子供であることに気がついていなかったから、ずいぶん小さなメスがいるものだとしか思っていなかったのだが。

なお、ほとんど同じくらいの気温の上昇が、四月三日から四日にかけても生じている。この夜に子供が出てこなかったのは、その日が快晴で雨が降らなかったためであろう。

池による微妙なずれ

気温上昇と降雨のセットで、ヒキガエルの一斉繁殖の謎はおおかた解けたように思われるかも知れない。しかし、それはそう思わせるように書いてきたからであって、野生の生き物の行動は、たとえヒキガエルのような大して賢くないものであっても、そう簡単にすべてがわかるものではない。

本丸跡のH池、M池、Y池は、お互いに一〇〇メートルほどしかはなれていない。もし、気温上昇と降雨のセットに支配されているのなら、この三つの池の繁殖は同じ日に始まって当然である。ところが、この三つの池の繁殖開始日が微妙にずれるのである。ずれる日数は年によって異なるが、まずM池で始まり、一、二日おくれてH池が続き、さらにおくれてY池が繁殖を開始するという、順序は毎年決まっている。これは大変困ったことで、気温上昇と降雨のセットだけでは何とも説明のつけようがない。このセットは大枠を決めるだけで、それぞれの池の繁殖開始はもっと微妙な条件で決まっている可能性が残っている。

M池は日当たりの良い高台にあり、H池は林の中にある。そしてY池は、三方を高い石垣に囲まれている上、樹もよく茂っていて日当たりは最も良くない。気温を測ったわけではないが、根雪の融け方を見ていると、M池周辺が最も早く融け、H池がそれにつぎ、Y池の周りには例年雪がいちばんおそくまで残っている。池周辺の微気象の差に、ヒキガエルが微妙に反応しているという可能性はありそうである。

もう一つ考えられるのは、それぞれの池の水温の差である。M池は単なる側溝だから最も水量が少なく、H池とY池は同じくらいである。日当たりもこの順で悪くなっているから、ヒキガエルが出動する日没のころの水温は、やはりこの順で低くなっているとみてよい。もっとも、まだ池にはいっていないヒキガエルが、如何にして池の水温を察知するのかは、よくわからないが。

体内時計

このことについて、スイスの蛙学者ホイセルが大変明解で面白い説を出している。それぞれの池へ繁殖にいくヒキガエルは、それぞれの池の水温が適温に達する時期にセットされた「体内時計」を持っているというのである。これなら、すぐ近くの池の間で繁殖時期がずれるという現象が生じても、うまく説明がつく。そればかりでなく、気温上昇と降雨のセットなどと、苦労して考えることもない。

この説は、しかし、少なくとも金沢城本丸跡のヒキガエルでは成り立たない。体内時計は一度セットされると一生変わらないから、今度は自分の繁殖池を変えることができなくなる。自分だけ早くなったり遅くなったりしてタイミングが合わなくなるからである。ホイセルの調べたスイスのヒキガエルは、すべて一生自分の繁殖池を変えなかったそうである。ところが、金沢城内のヒキガエルは、調査者に似たのか集団帰属意識が低くて、時々ほかの池へ浮気するものがいた。そして、移った池のしきたりにすぐなじんでしまうのである。

たまたま早くきたカエルが……

私がいちばん気に入っているのは、こんな考えである。

ヒキガエルは、アマガエルのようにオスがいっせいに鳴く、いわゆるカエルのコーラスはしない。しかし、どういう理由かよくわからないのだが、池のなかにいるオスは、よくかん高い声で鳴いている。静かな夜のことだから、その声は少なくとも一〇〇メートル四方にはとどく。オスの多くは、繁殖開始の数日前には池の周辺に集まっている。そして、二、三日前に池にはいるあわてものもいる。この、たまたま早く池へはいったオスがたまたま早く鳴いた時、池の周辺にいた他のオスがつられて、どっと池にはいることがあるのではなかろうか。北アメリカ南部のスペードフットも、最初に池にはいったオスが大声で鳴き、他のオスやメスを呼び集めると言われている。

これなら、たまたまだから池によって微妙な差が生じても不思議はない。もっとも、逆に、たまたまなら、M池、H池、Y池の順序が時には狂ってもよいはずである。それは、池の水温がある限度を越えないと、カエルが鳴かないことにしておけばよい。などと、勝手なことを書いているが、調べたわけではないので、信用されないほうがよい。

繁殖の中断

繁殖がひとたび始まってしまうと、雨が止んでも気温が下がっても、ヒキガエルは繁殖活動を続ける。短い繁殖期間を有効に使うためにはやむをえない。とはいえやはり限度があって、〇度以下に気温が下がったり、あられやみぞれが降ったりすると、さすがに凍えて動けなくなる。

一九七八年四月一日は、そういう夜であった。その夜の最低気温はマイナス三・二度、私も寒かったがカエルも寒かったらしい。H池の周りにはそれでも三〇匹余りのオスがいたが、いずれも凍えて動けないようすだった。ところが、つぎにM池へまわった時、私は頭をかかえてしまった。活発とは言えなかったが、M池のヒキガエルはオスもメスも正常に繁殖活動を行なっていたのである。

翌一九七九年は二月下旬にH池で繁殖が始まった年だが、その後の気温の低下で中断し、再開したのは例年通り四月一日だったことは、すでに述べた。実は、この同じ年、M池は三月七日に繁殖を開始し、連日最低気温が零下になる状況で繁殖を強行してしまったのである。この間いちばん寒かった日には、マイナス四・四度を記録している。ともかく、M池のヒキガエルは、「統一理論」に従わない困った存在なのである。

あとで述べるが、池の周辺にオスの大半が散らばっているH池やY池とちがって、M池ではほぼすべてのオスが池のなかにいる。気温が零下になっても池のなかはそこまで下がらない。M池で繁殖が強行されたのは、そのためかも知れない。

オスとメスの出会い

繁殖たけなわの本丸跡

かつて前田の殿様の屋敷があった二の丸から、本丸を守る内堀にかかった小さな橋を渡りちょっと坂をのぼると、平らな広場に出る。右手に城の倉庫であった三十間長屋が、その名の通り三〇間（五四メートル）の長さにのびている。ここは、本丸の前庭にあたる部分である。

この広場の奥に、二本の石柱にはさまれて、本丸の入口が開く。かつては鉄鋲を打ったいかめしい扉がついていたのだろうが、今は何もない。このあたりまでくると、ヘッドランプの光のなかに、ヒキガエルの姿がちらほらと見られるようになる。その姿勢は、地面にはいつくばっているふだんとはまったくちがい、前足を思い切り突っ張って伸び上がり、昂然と頭を高くかかげている。彼らはすべてオスであり、やがてやってくるはずのメスを見逃さぬよう、せいいっぱいの努力を試みているのである。

門をぬけ、本丸内に足を踏み入れると、見張りのオスの数は急に増える。繁殖池であるH池まではまだ五〇メートルもあるのだが、メスを求めてオスたちは池からはるばる出迎えにきているのである。そしてあちこちから、あのヒキガエルが発しているとはとても思えない、クウッ、クウッというかわいい鳴き声が聞こえてくる。ヒキガエルの繁殖期は、ふだん静かな本丸跡に一種独特な緊張感をただよわせる。

メスを待つオス

本丸跡の中心にあるこのH池には、例年一五〇匹前後のオスが集まってくる。いちばん多かったのは一九七八年の一八六匹であった。ここは金沢城内での最も大きな集団であり、近くの

Y池ではせいぜい五〇匹、M池には二〇匹くらいのオスしかやってこない。ただしこの数は、その年の繁殖に現われたオスの総数であり、彼らのすべてが毎晩出てくるわけではないから、一夜に見られるオスは、だいたい一〇〇匹足らずである。

とはいえ、小さな池の周りに一〇〇匹もの成熟したヒキガエルのオスが集まっていると、相当に見応えのある景観となる。四月初めではまだ草も伸びておらず、その上ヒキガエルは頭を高くかかげているから、その姿はいやが上にもよく目立つ。

もっとも、H池の一五〇匹といっても、ヒキガエルの繁殖集団としては小さいほうで、もっと巨大な数のオスが集まる池もある。金沢市郊外にある私の家の近くにアズマヒキガエルの繁殖池があり、ここでも二年ほど調査してみたのだが、ごく大ざっぱな推計でおよそ一五〇〇匹のオスが集まるという結果を得た。金沢市の東に連なる卯辰山の奥の大きな池には、毎年すさまじい数のオタマジャクシが泳いでいる。数えたわけではないが、ここに集まるヒキガエルの数は、数千匹にも達するのではなかろうか。

あまりにも少ないメス

オスが池と池の周りを埋めつくすように集まってくるのに、少しおくれてやってくるメスのほうは意外なほど少ない。初めて繁殖調査をやった一九七四年、オス一五〇匹に対してメスはたったの三五匹、同性として同情を禁じえなかった。メス一匹に対してオスは四・三匹もいる（これを性比四・三という）のだから、相当に気の毒である。繁殖池に集まるオスとメスの性比は、年によって変化する。一九七七年はオス一三九対メス三四で性比は四・一、翌七八年は一八六対二三で、性比は八・一に高まった。しかし、七九年になると、オスの数が急激に減って八八対三六と性比二・四に下がっている。一九七四年から一九八一年までの八回の繁殖に現われたすべてのカエルを集計すると、オス四五六匹、メス一三七匹となり、性比は三・三であった（後掲、表2・二二三ページ参照）。

Y池でも事情は変わらない。六回の繁殖の通算で、オス一六九対メス四一、性比四・一である。一九七八年には、オス四六匹に対してメスがたった四匹、性比にして一一・五という悲惨な状態になった。

ヒキガエルにかぎらず、カエルの世界ではたいていオスのほうが多い。繁殖期の間、オスは何回も出てくるがメスは一回産卵するとすぐ帰ってしまうから発見率が異なり、結果として性比が高く出てしまうのだという説もあるが、それだけではこの性比の高さは説明しきれない。ヒキガエルでは、そのことを考慮にいれても、オスがメスの三倍くらいはいると思われる。だから、繁殖池へやってきても、メスと出会うことなく帰るオスのほうが多いのである。

メスと出会うために

そこで、オスはいかにしてメスを早く見つけるかが勝負となる。メスは最終的には池へくるのだから、池のなかで待っているのがいちばん出会う確率が高い。ただ問題は、出会った時メスの背中にはすでに他のオスが乗っかっているということである。H池八回の調査で見つけた抱接例二二六は、すべて池の外で抱接されたものであり、オスに見つかることなく池までたどりついたメスは一匹もいなかった。

池のなかでは望みがないとすると、池の外へ出迎えに行かなければならぬ。池から離れれば離れるほど、まだ抱接されていないメスに出会える確率は高まるが、半径が長くなるだけ円周も伸びるから、出会う確率は小さくなる。数少ないメスを捕まえるためには、この二つの確率の方程式を解かなければならない。

最もにぎやかだった一九七七年三月二三日夜（一八〜二一時）の、池の周りのようすを紹介しておこう（図4）。●は見張りオス（七二匹）、×はまだオスに捕まっていない単独メス（一四匹）、そして、◎は抱接つがい（一六組）を示している。この夜はさらに、池のなかに一四組の抱接つがいと、単独オス二四匹がいた。総計すると、オス一二六匹、メス三一匹で、うち抱接つがいは三〇組である。

この図に見られる通り、オスは池を中心として、東西一〇〇メートル、南北五〇メートルも

●図4——H池における単独オスの分布

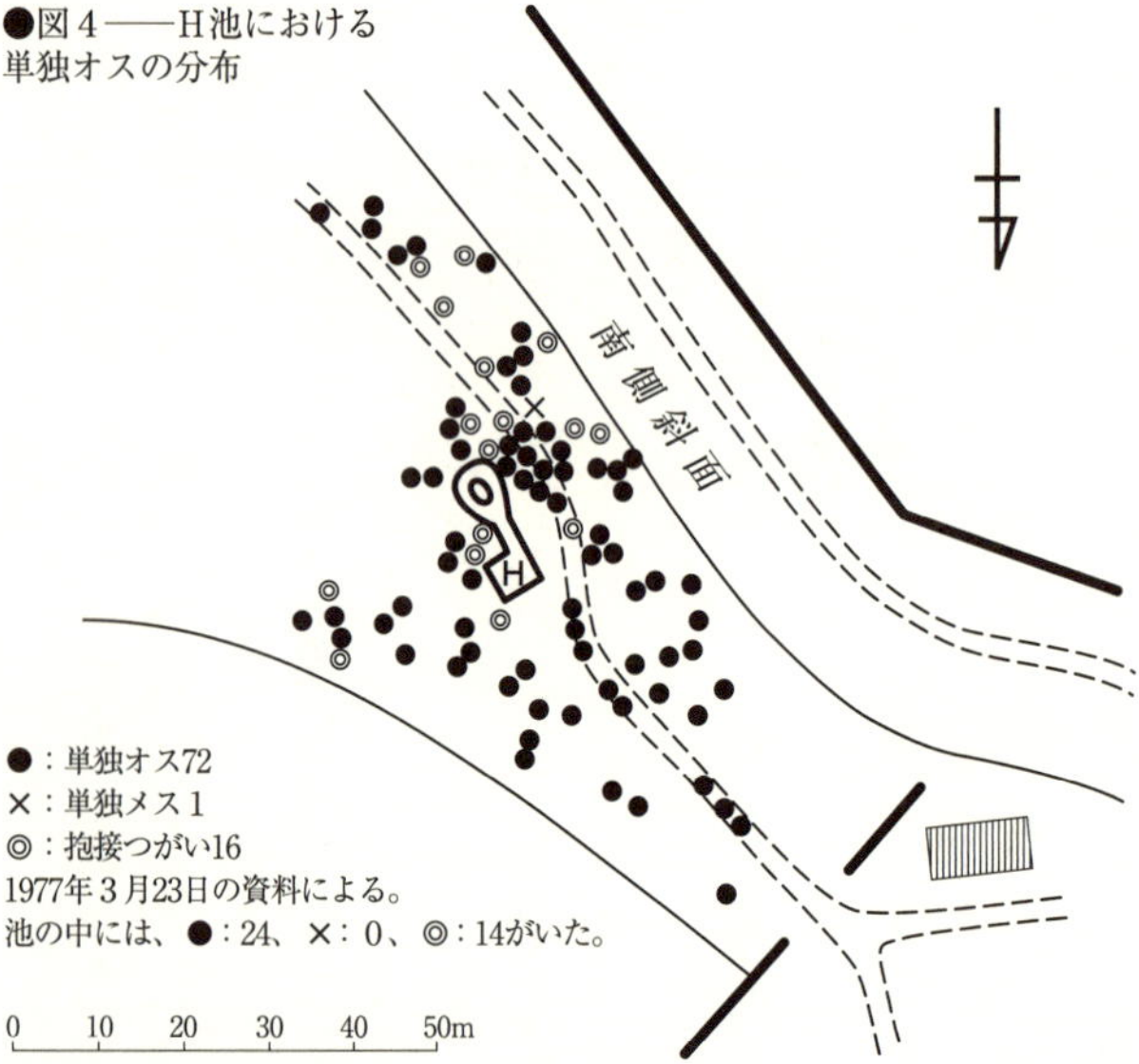

1977年3月23日の資料による。
池の中には、●：24、×：0、◎：14がいた。

の広い範囲に、メスを見張る哨戒線を敷いている。そこへ生息地からやってきたメスが侵入するのだが、最初に見つけたオスがたいてい抱接に成功する。池の右上に抱接つがいが並んでいるが、南側斜面を上がってきたメスが、ここでたちまち捕まったことを示している。池から最も遠い抱接つがいは、三〇メートルも離れていた。抱接されたメスは、オスを背負って池に向かう。池のすぐそばにもいくつかの抱接つがいがおり、すでに池にはいり、産卵を始めているつがいも一四組いた。

　ところが、一匹だけだが、まだオスに捕まっていないメスが見つかった。池まで一二メートルほどしかないところである（図の×印）。すべてのメスが、オスの哨戒線の最前線で捕まるわけではない。このように、くぐり抜けてくるメスもいるらしい。H池で単独メスを見かけるのは珍しいことなので、私はしばらく彼女のあとを追いかけてみることにした。行く手には、せいいっぱい背伸びして見張っている一匹のオスが待ち受けている。ところがその彼は、ほんの三〇センチ横を通り過ぎていく彼女にまったく気づかなかったのである。「このドジめ！」と、私は思わず口走ってしまった。ついでに言うと、このメスは四時間後、もうちょっと池に近づいた地点で無事抱接されていた。抱接していたオスは、見逃した彼ではなかった。

一九七四年から七八年までの五年間に、H池の周りで見つけた単独メスは五匹、抱接されていたメスは四八匹であった。池からの距離を測って平均すると、単独メス二四メートルに対して抱接メスは一七メートルである。単独メスはそこから池へもう少し近づいて抱接され、抱接メスはオスに捕まってから少し池に近づいたと考えれば、抱接された位置はその中間、だいたい池から二〇メートルのあたりだろう。もちろんこれは平均値だから、早くに捕まるメスもいれば、もっと池に近づくメスもいる。単独メス五匹のうちの一匹は、池から七メートルの所で発見されている。彼女はオスの哨戒線を二〇〜三〇メートルも突破してきたことになる。

一九七九年から八一年までの三年間は、その原因はあとで述べるが、H池のヒキガエル集団が急激に減少し、集まるオスの数も五〇匹前後に減った。それに対応して、オスの見張りも池の周り二〇メートルの範囲に縮まっている。同じやり方でメスが抱接された位置を計算してみると、平均およそ一〇メートルとなった。

どうやらヒキガエルは、池に集まるオスの数によって見張りの範囲を決めているらしい。そして、その範囲のほぼ真ん中くらいでメスを捕まえていることになる。

Y池でも、オスの大半は池を出て、その周囲に見張り線を敷く。この池の周囲は三方を石垣で囲まれていて狭く、オスの数も五〇〜六〇匹と少ないから、見張りの範囲は池からおよそ二〇メートルのところまでである。ここでも同じように計算してみると、メスが抱接される位置はやはりその半分、平均一〇メートルの線であった。

また例外のM池

ここでもまたM池のヒキガエルは例外となっている。この、幅一六センチ、深さ一八センチの狭い側溝のなかに、たくさんのオスが押し合いへし合いはいり込み、周辺の地上へ出ようとしないのである。

この理由は、M池のヒキガエル集団の性比が例外的に低いためであるらしい。この池では六回の繁殖調査をしている。その間ここへやってきたカエルの総数は、オス五二匹、メス四二匹、性比は一・二にすぎない。メスが発見しにくいことを考えると、ほぼ同数とみてもよい。これなら、わざわざ出迎えに行くよりも、池のなかで待っているほうが、確実にメスと出会えるはずである。事実ここでは、まだ抱接されていない単独のメスが、池のなかでしばしば発見されている。

ヒキガエルのオスは、繁殖池へやってきた時、他のオスの数、さらにメスの数を、数えるわけではないだろうが、なんとなく察知して、池のなかにとどまったり、地上へ出たり、はるか遠くまで出迎えに行ったり、その行動を適切に変えているようである。

常に池で待つオス

もっとも、状況が読めず、適切な行動のとれないオスもいる。H池八回の繁殖に二回以上参加し、合計五日以上出席したオスが一四九匹いた。そのうち四九匹（三三％）は常に地上で見つかった。地上に出たり池のなかにいたり、動揺しているオスのほうが多く、九六匹（六四％）であった。そして、たった四匹（二・七％）だったが、常に池のなかにいたオスがいたのである。五回の繁殖に参加し、七回すべて池のなかで捕まったオスもいる。池のなかで待っていてはまず単独メスとは出会えないH池で、これでは抱接の可能性はない。

ところで、イギリスのヨーロッパヒキガエルでこんな研究をした人がいる。デイヴィスとハリディの二人は、抱接しているオスがもし小さければ、より大きなオスにメスをとられることがあるという。実験によると、小さなオスの五分の二が大きなオスにとられてしまった。もしそうなら、体力と腕力のあるオスは、池のなかで待っていて、すでに抱接している小オスからメスを取り上げるのがいちばん確実となる。

しかし、私が観察したかぎりでは、日本のヒキガエルはイギリスのヒキガエルよりも、平和憲法があるせいか「平和主義者」であるらしく、抱接オスを引きはがして乗りかわろうとするような、暴力的なオスは見たことがない。抱接つがいにわれもわれもと抱きつきにいって、大きなヒキガエルのだんごができることはよくあるのだが。また、常に池のなかで待つオスが体力抜群というわけでもなく、地上に出迎えに行くオスとまったく同じ大きさだった。つまり、彼らはほとんど意味もなく池のなかに固執していると考えざるを得ないのである。

大勢にしたがわず、たとえ自分に不利であっても、頑固に自分の生き方を通すヒキガエルがいるという事実は、私には非常に面白かった。生活のさまざまな側面で、頑固な少数派ヒキガエルはこれからも登場してくる。

見張りの位置

地上でメスを待つオスは、池をとりまいて適当に散らばっている。二匹並んですわっていることもあれば、哨戒線が大きく開いている所もある。お互いの間に場所をめぐるいざこざはまったくなく、時にメスと間違えて他のオスに抱きつくことはあるが、近くへきた他のオスを追い払ったり、いざこざを起こすようなことは一切なかった。お互いまったく没交渉で、それぞれがただひたすらメスのくるのを待つ、というのが繁殖期のオスである。

彼らはだから、繁殖期のカエルのオスがよくつくる「なわばり」なるものは持たない。というて、まったくの無秩序というわけでもない。彼らが見張りに立つ位置はおよそ決まっているようである。個体毎に見張り位置を地図に記入していくと、だいたい一か所に集まってくる。もっとも、その地図なるものは、私が測量してつくった縮尺六五〇分の一の、正確さにおいて充分に問題のある地図であり、その上、カエルを見つけた時、周りをぐるりと見回して、あの樹から何メートルくらいだからこのあたり、などと目測で記入した記録だから、実際の位置をそのまま示しているとは口がさけても言えそうにない。論文を書く時に困って、「三〜四メートルの誤差はまぬかれないものと思われる」などと断わっておいたが、この「三〜四メートル」の根拠を聞かれると返事のしようがないので、聞かないでいただきたい。以下の話も「三〜四メートルの誤差はまぬかれない」記録をもとにしたものである。

繁殖期の記録がいくつもあるオスの見張り場所のずれを地図上で測り平均すると、約一五メートルになった。H池でオスが見張りに立つ範囲は、池を中心として東西一〇〇メートル、南北五〇メートルだから、そのなかの一五メートルならばほぼ同じ場所であると考えてもよい。

もっとも、これは平均値だから、三〇メートル以上も動き回るもの（五％）から、五メートルと動かないもの（六％）——三〜四メートルも誤差のある資料から、どうしてこんなことが言えるのだろう——まで、個体によってずいぶん違うのだが。

繁殖期でも見張りに立つのは夜だけで、昼間は池のなかや草むら、手近な穴のなかなどにかくれている。だから彼らは、毎夜そこから出て前の晩とほぼ同じ所へもどってきていることになる。

以上は同一繁殖期での話だが、つぎの年にも彼らは同じ地点を選ぶのだろうか。二年にまたがって記録のあるオスについて同じように調べてみると、平均一六メートルの範囲という結果が出た。三年にまたがる場合でも一八メートルである。四年越しになるとさすがにその範囲は二四メートルと広がるが。どうやらヒキガエルは、一度見張りの場所を決めると一生変えない傾向があるらしい。わずか二％だが、四年越しに五メートルの範囲に固執しているオスもいた。

Y池でも同じような結果が出た。同一繁殖期内で平均一三メートル、二年以上にわたる場合でも一六メートルである。時にはあちこち渡り歩く個体もいるが、大半のオスは毎年毎夜、だいたい同じ場所でメスを待ち受けているわけである。

見張りの位置の決め方

ここまできたら、彼らがどのようにして見張りの位置を決めているのかが知りたくなる。しかし、この問題はあっさり解決した。それぞれのカエルの生息場所と見張り位置を地図の上に記入したら、池と生息場所とを結ぶ直線上に見張り位置が載ってしまったのである。つまり、オスは生息地からやってきて、池の手前で立ち止まれば、そこが彼らの見張り場所ということになる。こせこせ細かなことを考えない、おおらかなヒキガエル流の決め方と言えようか。

もっとも、例によって例外はある。生息地のわかった一一八匹のオスすべてについて調べると、その線上にはっきり載っているものは八七匹（七四％）であったが、少し横にずれていたものも二三匹（一九％）いた。残り八匹（七％）は、池を通り過ぎて反対側で見張りに立っていた。

横にずれているものの説明は簡単である。本丸跡は市街地から三五メートルの高さにそびえており、南側の崖下に住むカエルは石垣や急な斜面をよじのぼってこなければならぬ。そんな時、彼らは崩れて傾斜がゆるやかになっている所をよく利用する。カエルは生息地から池へ一直線にくるのではない。たった一例だが、生息地で目覚め、池へきて繁殖に参加し、また生息地へもどったオスの足跡をたどることに成功した（図5）。図の1の生息地にいた彼は、池の南側で見張りに立ち、その真南の崖が崩れている所を通って一段低い崖の中腹に出、もとの生息地にもどっている。そこまで確かめてはいないが、行く時もおそらく、もどりと同じコース

●図5——繁殖期におけるオスの移動の一例

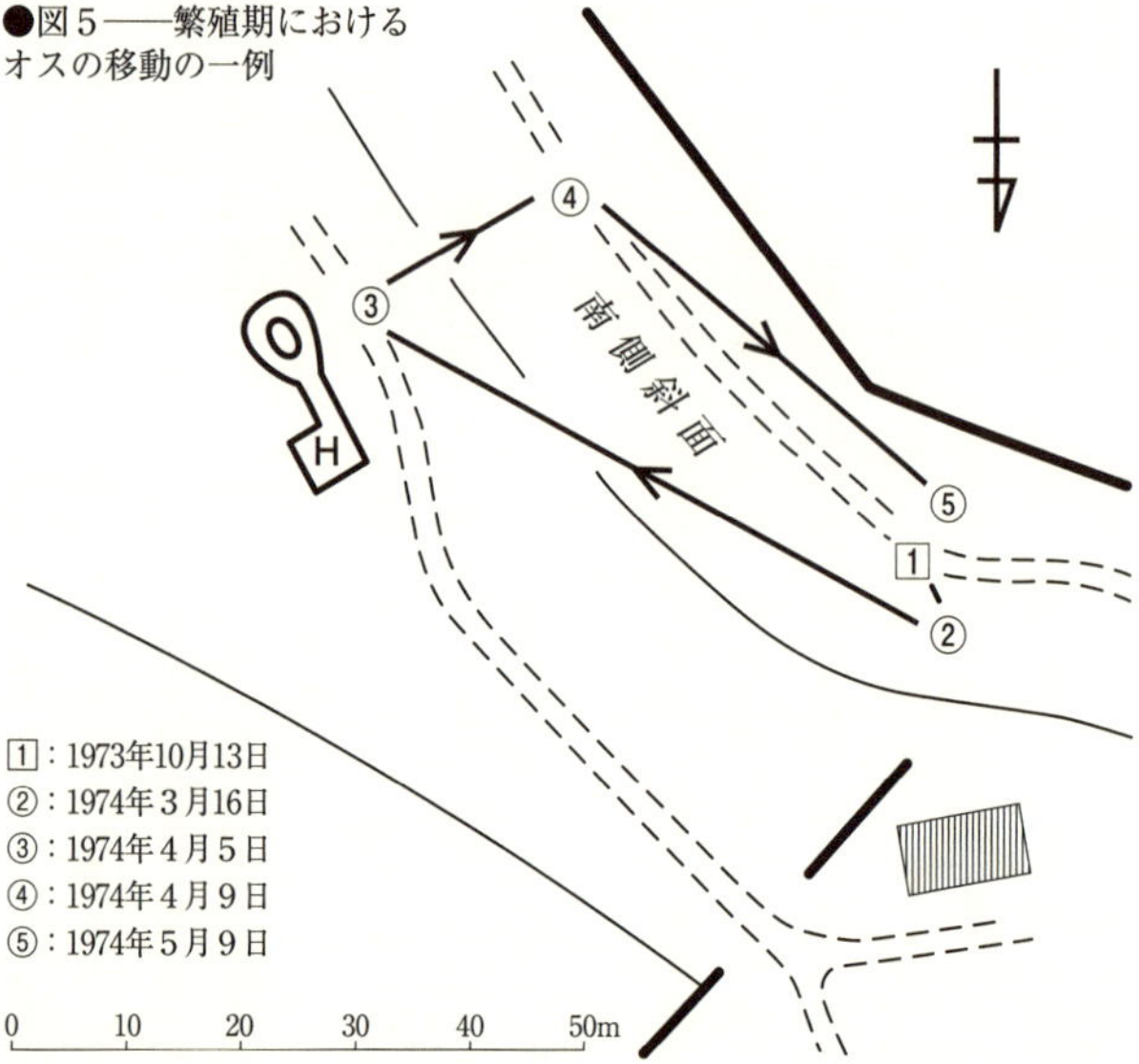

をたどっていったにちがいない。そして彼は、崖の崩れている所と池とを結んだ線上で見張りをしていたのである。そこは生息地と池とを結ぶ直線からは少しずれている。

池の反対側へ行ってしまうオスについては、しかし、この説明は効かない。あとで述べるが、ごく少数、生息地を大きく変えるカエルがいる。私が見張り位置を確かめた時に、そのカエルが生息地を変えていた可能性はある。もっとも、オスは生息地と池とを結ぶ線上で見張りに立つという「原則」を絶対視するから説明に苦しむのであって、原則を無視する変なカエルがいると考えるほうが、案外正しいのかも知れない。池の手前で立ち止まらず、池にはいり、反対側へ抜けてしまった「行き過ぎ」のカエルがいたとしてもかまわないではないか。

この「原則」は、その後の私の調査に大いに役立った。そのころ、繁殖池ではよく見つかるのに他の季節にはまったく姿を見せない、生息地不明のカエルが相当数いたのだが、池とそのカエルの見張り位置を結ぶ線上をどこまでも調べに行くことで、けっこう多くのカエルの生息地を見つけることができたのである。本丸南側は、二段の土の崖と二段の石垣から成っていて、その下には、市街地と同レベルにあるテニスコートがある。まさかと思って調べなかったこのテニスコートにカエルの姿を見つけて驚いたのは、この方法のおかげであった。その代わり、年齢をとるにつれて調査範囲が広がってしまい、苦労が増えることになったのだが。

オスとメスの出会い

オスが池の周りで見張りにつき、いよいよ繁殖期が始まると、たいていその夜からメスもやってくる。でも、初日は二、三匹くらいで、一〇日間の繁殖期の中ごろ、一日か二日の間に、ほとんどのメスが集中して現われることが多い。H池八回の繁殖に出てきたメスは一三七匹だが、そのうち生息地を確認したのは五〇匹であった。池からの距離を測ると、いちばん近いものので二〇メートル、最も遠いものは一九五メートル、平均およそ一〇〇メートルであった。スイスのホイセルが調べたヨーロッパヒキガエルは一キロ半も歩いて繁殖池へやってくるそうだから、二〇〇メートルくらいはヒキガエルにとって何でもない距離だが、テニスコートに住んでいるものは二段の石垣、二段の崖を三五メートルもよじのぼらねばならぬから、ヒキガエルにとっては相当な重労働と言えよう。

ヒキガエルが小さな繁殖池をいかにして見つけるかについては、ヨーロッパやアメリカの学者がいろいろと調べている。面白い研究を一つ紹介しておこう。周りの地形や樹木が見えないように円形の囲いをめぐらせ、その中央にヒキガエルを放す。すると、天気が良くて星が見える夜のほうが曇りや雨の夜よりも、池の方向へ動く個体が多いという。カエルには空しか見えないのだから、渡り鳥と同じように天測航法を使って池への方向を知るのだというわけである。しかし、すでに述べたように、ヒキガエルは雨の日に出てくることが多いし、森のなかでは空を眺めることは困難だから、私は少々疑っているのだが。といって、それに代わる案の持ち合せはない。さしあたって私としては、カエルが間違いなく池までたどりついてくれればよいのだから、ややこしい問題には首を突っ込まないことにしている。

それはともかく、メスは生息地からまっすぐ池へと向かって歩いていく。そして、池に達する前に待ち受けているオスに抱接される。生息地がわかっているメス五〇匹のうち、池の周りで抱接されているのを確認したのは一八匹であった。そしてその大部分は、生息地と池とを結ぶ線上に載っていて、横にずれているのは二、三匹しかいなかった。ヒキガエルのオスとメスとの出会いは、だから、彼ら、彼女らの生息地と池とを結ぶ線上で行なわれているということになる。

抱接と産卵

オスはメスをいかにして見分けるか

繁殖池へやってきたメスは、腹一杯に卵をつめ込んでいて、いかにも堂々としている。その上、とくに若い個体は皮膚がつややかで美しい。池からはるかはなれた所でオスに捕まるものもいれば、当人はその気はないのだろうが、オスの間を巧みにすりぬけて池の近くまで達するものもいる。

メスを発見したオスが抱接するのを、一度だけ見たことがある。ふだんあれほどのんびりしているオスが、この時ばかりは呆れるほどすばやくメスの斜め後ろから近づき、その背中にさっととびのって抱きつく。それでおしまいである。一瞬のうちに終わってしまうので、野外ではめったにお目にかかるチャンスはない。もっとも、苦労して観察できたとしても、面白くも何ともない。

この時は起こらなかったのだが、このオスの動きが近くの他のオスを刺激して、われもわれもととびついてくることがよくあるらしい。

繁殖期の池の周りにはよく、何匹もの個体が抱き合った、ヒキガエルの大きなかたまりがいくつもころがっていることがある。外側から一匹ずつ引きはがしていくと最後に、メスと正しく抱接したオス一匹が残る。メスの脇の下を後ろから抱くのが、正規の抱接姿勢である。

余計なオスは二、三匹の場合が多いが、時には四、五匹も抱きついていることがある。ある時、異常に大きいかたまりを見つけ、いつものように一匹ずつ引きはがしていった私は、最後に目を疑った。八匹すべてがオスで、メスがいなかったのである。

繁殖期のオスは、メス・オスの区別なく、相手に抱きつく。適当な大きさで動くものなら、相手がヒキガエルでなくてもいい。

松井正文氏（京都大学総合人間学部）は、ヒキガエルに抱きつかれ息も絶え絶えになったウシガエル（ショクヨウガエル）四例を報告している。私も時々「蛙体長自動測定器」をオスの前で引きずって遊んだ。彼らはたいていとびついてきて、測定器を抱きしめる。繁殖期のオスは、このように、手頃な大きさで動くものなら何にでも、とりあえずとびついて抱きしめるのである。でも、こんなことをしていると、うまく繁殖できそうにない。彼らは、自分が抱きついたものがヒキガエルのメスであることを、どのようにして確認するのだろうか？

　ヒキガエルはきわめて簡単で確実な方法を開発している。メスは鳴かないがオスは鳴くというのがその答である。抱きついた相手が鳴かなければ、いつまでも抱き続ける。相手が「クウッ」と鳴けばオスだからはなせばよい。抱きつかれた時オスが発するこの声を、リリース・コールという。「おい、はなせよ」というわけである。もっとも、ウシガエルのメスもやはり鳴かないから、いったん抱きついてしまうといつまでもはなさない。この抱きつく力は相当なもので、ヒキガエルよりも大きいウシガエルでさえ、しめ殺されてしまうほどである。

　この話も、実をいうと学生に教わった。「繁殖期のオスの両脇をしめつけてやると、ほら、鳴くでしょう」と、その学生は実演つきで私に説明してくれた。学生は、やはり大切にしておかなければならない。

　といっても、抱きつかれたオスが少々リリース・コールを発したからといって、すぐはなしてくれるとはかぎらない。八匹のオスが抱き合っていたかたまりも、みんなしきりに鳴きわめいていたが、私がひきはがすまで自発的にはなれたオスはいなかった。でも、いつかは余計なオスははなれていくものらしく、池にはいるころには、メスは正式に抱接したオス一匹だけ背負っている。

女性的な(?)オス

ある夜、オスに抱きつかれている一匹のオスを見つけた。体長一二五ミリもある、全般的にやや小ぶりな本丸跡のヒキガエルとしては最大級の、そしてよく太った堂々たるオスである。だが彼は、リリース・コールを発することもなく、おとなしく抱きつかれていた。私は両者を引きはなし、頭を一つずつたたいてたしなめた。

つぎの夜、同じ場所で同じオスが、昨夜とは別のオスに抱接されていた。やはり黙っておとなしく抱かれている。私はまた引きはなしてたしなめた。

三日目の夜、彼はさらに別のオスに抱接されていたのである。ここまでくると、ちょっと偶然とは思えない。四日目の夜、私はひそかな期待をいだいて、その場所へいった。そして、期待通りまたちがうオスに抱かれている、そのオスを見つけたのである。

続けて四夜、それぞれ別のオスに抱接されていたこのオスは、メスに間違われやすい性質を持っているのかも知れない。たしかに大きくてよく太っている点は、繁殖期のメスに似ている。それに、四夜とも私は彼のリリース・コールを聞かなかった。これでは抱きついたオスのほうも、はなれるわけにはいかないだろう。

五日目の夜、期待と恐れを持って、その場所へいった。彼は初めて、男らしく昂然と頭を上げてメスを待ち受けていた。

抱接から産卵まで

抱接つがいを見つけた時、私はまずメスの足の指を調べ、個体番号を確認する。ついでオスの後足の指を調べる。ここまではいいのだが、困るのはオスの前足を調べる時で、そのためにはどうしてもオスを引きはがさなければならない。しかし、無理に引きはがすと、時として彼は全身から毒をにじませ、手足を固く縮めて動かなくなる。ちょうどふてくされた子供がしゃがみ込んだような態度で、気の毒には思うが時には吹き出してしまうこともあった。だんだん慣れてくると片足ずつそっとはなして素早く番号を読む術を会得して、ふてくされたオスの姿を見ることもなくなった。

つがいをとりあげて指の番号を読んでいるうちに、私の手の上で卵を産み始めたことが五回あった。池から数十メートルもはなれていた場合もあったのだが、私は大あわてで池へかけつけ放り込んだ。このようなメスは抱接されたあと迷わず池へ向かい、すぐに産卵を始めるのだろう。ついでに言うと、この五例中二例は同じメスであった。抱接されたとたんに卵を産み始める性質を持ったメス、というのがいるのだろうか。

抱接されたメスはオスを背負って池まで歩いていく、ということになっているのだが、そしてそれはたしかにその通りなのだが、それを自分の目で確かめようと思って、いく度か抱接つがいのそばにすわりこんで観察したことがある。そういう時にかぎって、だろうと思うが、彼女と彼とはまったく動いてくれない。「生き物の生活を調べようと思ったら、相手に合わせてじっくりと眺め続けなければならない」と、常々学生に説教し、ある学生をしてヒキガエル一匹を一晩中観察せしめ、一五センチしか動かなかったという貴重なデータをとらせたこともある私は、実は本性すこぶるせっかちで、ものの五分とじっとしていられない。そこで、動かないのならその間にちょっと他のカエルを調べてこようと現場をはなれ、いつも逃げられてしまって、遂に池まで跡をつけたことはなかった。

池にはいった抱接メスは、たいていその夜のうちに産卵を始める。ジェリー質に包まれた直径五ミリほどの二本のひも状の卵をゆっくりと産み出していくのだが、それがオスの後足に触れるのが刺激になってオスが放精することは、学生からではなく自分で勉強して知った。メスは卵を産みながら池の底を歩き回り、水草や沈んでいる木の枝などに、卵のはいったひもをからませていく。卵を包んでいるジェリー質は水を吸収してみるみるふくらみ、直径は一五ミリにもなり、長さは二、三メートルに達する。卵の数は、私が勘定したわけではないが、ものの本によると、メスの大きさによって二千個から二万個にもおよぶらしい。

この卵の数はカエルとしてはきわめて多く、そのため一つ一つの卵は必然的に小さくなる。当然オタマジャクシも小さく、また二か月ほどで変態し上陸するから、上陸したての子ガエルもまた小さい。この小さいオタマジャクシと子ガエルの間に大半が死んでしまうのだが、その詳細は次章で述べよう。ヒキガエルは、少なく産んで大事に育てるのではなく、たくさん産んでおけば少しは生き残るだろうという再生産方式をとっているのである。

池にはいってすぐ産卵を始めたメスは、その夜のうちに産み終わり池を立ち去る。しかし、抱接されてもなかなか卵を産まないメスもいて、翌日の昼間までかかっているものも珍しくない。なかには、二、三日、時には五日から一〇日も、池の岸の草むらのなかで抱接されたままじっとしているメスもいる。抱接直後に寒波がきて動けなくなった場合もあるが、他のメスが産卵しているのに頑固に産卵拒否を続けるメスも少しはいる。

一九七九年、暖冬の二月に、繁殖が始まりかけたことはすでに述べた。この年の二月二四日に見つけた抱接つがいは、その後の寒波で行方不明になっていたが、本式に繁殖が始まった四月二日、まったく同じ組合せで再発見された。彼と彼女は三九日間も抱接を続けていたのだろうか？

H池で八年間に二〇〇例以上の抱接つがいを見つけているが、一つとして同じオスとメスの組合せに出会ったことはない。だから、寒さのために一度抱接を解いたとすれば、二度と同じ相手にめぐりあうチャンスなど、ほとんど考えられないのである。かといって、一か月以上も抱接し続けることは、もっと考えられない。

抱接はしたものの、寒くなり、手近な穴にもぐりこむ。寒さが続き、ついにオスはメスをはなし、その場でもう一度冬眠にはいる。四月になり、両者は同時に目覚める。そして、オスは直ちにすぐそばにいたメスを見つけて抱接する。これが私の書いた、彼と彼女のためのシナリオである。

ずっとのち、ある論文を読んで、このシナリオはあっけなく崩壊した。そこには、つぎのような一節が書かれていたのである。

「昭和七年十二月二五日一水槽に隔離せる一組の雌雄は、翌年三月二五日強いて引離すまで実に四か月間（三か月間の間違いか）一瞬時も離るる事なく抱擁し続けたるも遂に産卵せざりき」（中村定八、一九三四「ニホンヒキガヘルの産卵出動及び卵巣に関する数量的研究」動物学雑誌、四六巻四二九―四四八ページ）。

この論文の著者中村定八氏によると、抱接したオスはメスが卵を産まないかぎり抱接を止めないのだそうである。このメスは、何かの理由で産卵しなかった。中村氏は三か月目に、いつまでもしめつけられているメスと、あてもなく抱きしめているオスの両方に、同情を禁じえなかったのであろう。ともかく、ヒキガエルにとって三九日くらいの「抱擁」は、日常茶飯事であるらしい。

なお、この論文は大量の資料にもとづいた、きわめて正確なもので、私が三歳であった昭和九年というむかしに書かれたものだとは思えないほど、優れた研究である。いや、むかしだからこそ、今のように研究競争も激しくなく、一つのテーマにじっくりと取り組むことができたのだろう。

抱接の成功と失敗

滞在日数

ヒキガエルのメスは、繁殖池へ来さえすれば、必ず抱接され産卵することができる。数倍の数のオスが待ち受けているからである。H池では抱接されなかったメスは一匹もいなかった。オスとメスとが同数に近いM池では、池へはいって七日間も抱接されなかったメスが一匹いたが、それも最後には無事オスに捕まった。

オスのほうは、しかし、池へ来たからといって必ずメスと出会えるとはかぎらない。メスは一度産卵すればおしまいだが、オスは抱接・産卵に成功しても、またつぎのメスをねらうものもいるから、競争はいよいよ激しくなる。そこでオスは、しつこく繁殖池にとどまらざるをえない。繁殖池にオスは何日いたか、つまりその滞在日数を集計してみたら、いくつか面白いことがわかった。

メスのほうは、どの池でも、平均滞在日数二日足らずである。産卵をすませるとすぐに立ち去り、二度と帰ってこないのだから、これは当然である。ただ、一九八〇年のM池では、平均なんと六日という数字が出てしまった。これは、先に述べた七日間もオスに無視されたメスに加えて、三日後にやっと抱接されたメスや、抱接されてもなかなか卵を産まなかったメスなどが、どういうわけかこの年M池に集中してしまったからである。ヒキガエルの世界では、きわめて珍しい現象と言えよう。

オスの滞在日数は、繁殖期間を一〇日間に換算して、三日から六日である。なかには、一二日間の繁殖期間中に一二回出てきたという、皆勤賞もののオスもいる。池へ来てみると競争相手がたくさんいる、これは一つ、頑張らなくてはならぬ、とオスが思った結果だと考えるのが普通だが、それはたえざる競争に明け暮れている人間の考えであって、ヒキガエルの考えはちょっとちがう。

H池に集まるオスは、一九七八〜七九年を境にして、一五〇匹前後から六〇〜七〇匹に激減した。ところが、競争相手が減ったにもかかわらず、オスの滞在日数は逆に、一九七八年までの三、四日から一九七九年以後の五、六日に増えたのである。彼らは、競争相手が少なくなるとともにハッスルし始めた、逆に言えば、競争相手が多すぎるとあきらめるものがいる、ということになる。このあたり、いかにもヒキガエルらしいと言えようか。

オスが一八六匹も出てきた一九七八年、六五匹しかこなかった一九八〇年、そして八八匹集まった一九七九年の、オスの滞在日数を示しておく（図6）。一九七八年のオスは、たった一晩しか出てこなかったものが圧倒的に多い。それに対して一九八〇年では、九～一一日という長期滞在者のほうがたくさんいる。一九七九年はちょうどその中間である。オスの数が多い時に平均滞在日数が少ないのは、一晩出ただけですぐ帰ってしまうオスがたくさんいたためであ

●図6――滞在日数による個体数分布（H池）

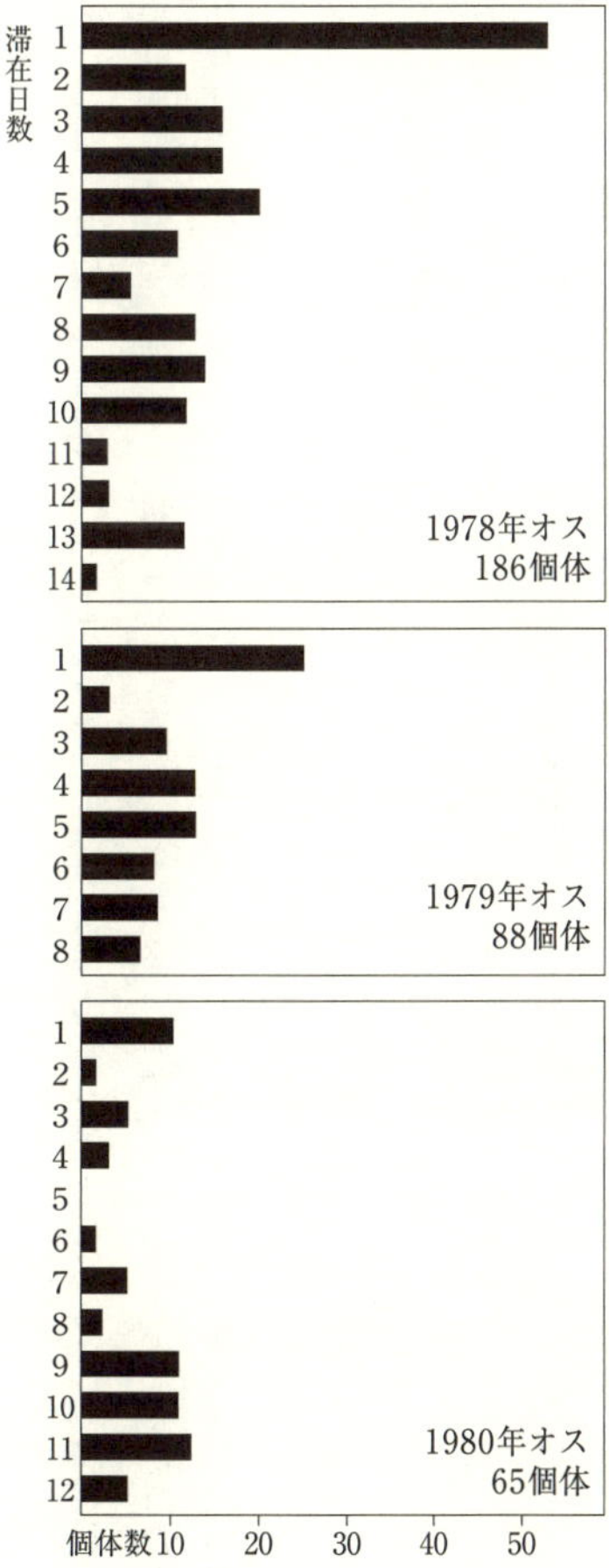

った。

あとで述べるが、一夜出てきてたまたまうまくメスに出会えたオスは、それで満足してかどうかは知らないが、帰ってしまうことが多いので、数多い競争者を見て意欲をそがれたからばかりとは言えない。ヒキガエルはおっとりしているだけではなく、要領もなかなか良いのである。

繁殖年数と繁殖回数

金沢城本丸跡で調べたかぎりのことだが、ヒキガエルのオスはだいたい三歳で成熟し、最高一一歳まで生きる。したがって、繁殖年数は最高九年である。もちろん、もっと早くに死ぬものが多いし、毎年欠かさず繁殖にくるものは少ないから、限界まで長生きしたオスでも、九回繁殖に参加するものはまずいないだろう。

H池八回の繁殖にやってきたオスは全部で四五六匹である。そのなかで、八回すべてに参加したオスはいない。七回やってきたオスが一匹だけいる。六回は八匹、五回になると二二匹に増える。

一方、たった一回しかこなかったオスは、二四四匹と、全体の六割に達している。初めて繁殖調査をした一九七四年に見つけ、なか六年おいて、最後の繁殖調査であった一九八一年に再発見したという、信じられないオスが一匹いた。見落としは当然あると思うが、いくら私でも六年連続見落としたとは考えられない。オスの多くは、毎年必ず繁殖に参加するわけではないらしい。もっとも、五年連続、六年連続という大変熱心なオスも、数は少ないが存在する。一九七四年と一九八一年の繁殖で見つけたオス、つまり私の調査期間八年の間、成熟オスとして生き続けた個体は七匹いたが、これらは、なか六年休んだ信じられない一匹を除くと、すべて五回以上繁殖に参加している。成熟後七年生きた一三匹中一二匹は四回以上、六年生きた二三匹すべてが少なくとも三回は繁殖にきている。見落としを考えると、これらのオスの多くは毎年繁殖に参加していると、考えていいのかも知れない。同じヒキガエルのオスといっても、いろんな個体がいるということだろう。

メスは、H池八回の繁殖で一三七匹見つけた。オスにくらべると成績は悪く、四回参加したものが最高で、それもたった二匹しかいなかった。ただしその一匹は四回連続で出てきているので、メスのほうも毎年続けて産卵する能力はあることになる。三回参加者は七匹、二回参加者は三〇匹、そして残り九八匹、全体の七割は一回来ただけで姿を消している。

オスにくらべてメスは見落とす率が高く、実際にはもう少し成績は良いはずだが、それを考慮しても、メスはオスよりも繁殖回数・参加年数ともに少ないことは確実である。産卵は大事業であり、その上オスの強力な前足で抱きしめられて命を落とすことさえある。もともと数の少ないメスはこうしてさらに減少し、性比のアンバランスはますます大きくなっていく。

産卵後のメス

調査中時々、産卵を終わって生息地へ帰る途中のメスを見かけることがあった。やせおとろえ、身体のあちこちに傷を負い、よろめくように歩いている。ほんの数時間前、丸々と太りつややかな皮膚におおわれていた堂々たるメスと同じ個体であるとは、個体番号を確かめても信じられないほどであった。

それでも、こうして無事に生息地へ帰れたメスは幸運であったと言える。オスに抱きしめられたメスのなかには、肛門から腸をはみ出してしまうものさえいる。繁殖が終わり静かになった池のなかに、しめ殺されたメスの死体が浮かんでいることも珍しくない。H池で私が確認しただけでも、八年間に九匹のメスが死んでいる。ヒキガエルの死体は、おそらくカラスやフクロウによって急速に処理されるので、実数はもっと多いと思われる。もっとも、腸がはみ出たからといってすべてが死ぬわけではない。二センチほどはみ出て死にかけていたメスが、翌年の繁殖期、またつややかなメスとしてやってきた例もある。

メスが産卵を終えると、抱接していたオスははなれる。しかし、繁殖期のオスは、動くものなら何にでもとびついて抱きしめる、始末の悪い存在である。産卵後のメスでも、ちょっと動くと、いたる所にいるオスがすぐとびついてくる。やっと池をはなれても、その周り五〇メートルにわたってオスが哨戒線をはりめぐらせている。見つかる度にひと騒動起こらざるを得ない。

といっても、とびついたのが産卵後のメスであれば、オスにはなぜかわかるらしく、割合早くはなれるようである。それで何とかメスは、生息地までたどりつけるというわけである。

抱接後のオス

一回産卵するとそれでおしまいのメスとちがって、オスのほうは何回も放精する能力を持っている。だから、一度抱接し放精しても、また新しいメスを求めて見張りにもどるオスが多い。もっとも、オスがメスよりもたくさんいるヒキガエルの世界では、同じ繁殖期に二度目の抱接に成功するのは至難の業ではある。H池八年間でその幸運にめぐまれた幸せ者は、たった五匹であった。ただし、オス・メスほぼ同数のM池では、四年間に四匹もいた。そのうち一匹は続けて三回の抱接に成功している。ただし、産卵までは確認していないので、三回とも放精したかどうかはわからない。もう一匹は、二回の抱接・産卵を確かめている。このオスはその後、さらにメスを求めて見張りに立った。三回目のチャンスはさすがにめぐってこなかったが、少なくとも彼の「主観」では、三回の放精能力があるということである。

このようなしつこいオスもいるが、もっと淡白なオスもいる。一九八〇年三月三一日のH池には、抱接したオス一〇匹と、まだメスにめぐり会えない単独オス二二匹がいた。繁殖は始まったばかりで終了まで九日あったのだが、この夜の抱接オス一〇匹はその後平均三・六日で池を去った。ところが、単独オス二二匹のほうは、そのあと平均六・九日間も池にとどまっていたのである。

これほどの差が出たのはこの時だけだったが、差は小さくとも、抱接オスのほうが単独オスよりも早く池を去るという傾向は、常に成り立っている。たとえば、一九七四年繁殖終了まで五日の例では、抱接オス一・六日に対して単独オス一・九日、一九七八年残り七日の例では、それぞれ一・九日と二・九日というように。

もちろんこれは平均だから、抱接オスのすべてが早く帰ってしまうわけではない。一九七八年の例でも一九八〇年の例でも、繁殖終了まで居残っていた抱接オスもいたが、全体としては、一度抱接に成功したオスは満足して、かどうかはカエルに聞いてみなければわからないが、早く帰る傾向があるということである。

オスの抱接成功率

メスは、卵を抱いて繁殖池へ行きさえすれば、一〇〇%オスに捕まり、時にはしめ殺される危険はあるけれども、産卵することができる。オスのほうは、しかし、そううまくはいかない。性比が三〜四に達している池では、うかうかしていると望みは果たせない。オスはどの程度抱接に成功しているのだろうか。

H池八回の繁殖に一回しか参加しなかったオス二四四匹のうち、抱接に成功したのは二七匹で、抱接成功率はわずか一一%である。二回参加者九〇匹では二六匹が成功し、二九%に上昇する。三回参加者は六〇匹中三二匹で五三%とようやく半数を越える。四回参加したものはどういうわけか運が悪く、三一匹中一三匹しか成功せず、四二%にとどまった。三回ないし四回繁殖にいって、やっと半分がメスと出会えるということであり、現実はきびしいと言わざるをえない。五回から七回参加した熱心なオスが三一匹いて、さすがに四三回も抱接に成功した。一匹あたり一・四回である。

このようにきびしい状況のなかで、少しでもチャンスを増やそうと、一〇日間の繁殖期間中毎晩熱心に出席するオスがいる。一方、一晩しか出てこないさぼりのオスもいる。そこで、つぎの結果を見てほしい。

H池一九七八年の繁殖に一晩しか出てこなかったオスは五四匹、うち抱接に成功したのは九匹で、成功率は一七%である。同じ繁殖に六〜九日間出席した熱心なオスは九匹で、そのうちメスにめぐり会えたのはたった一匹、一一%にすぎなかった。この九匹の延べ出席日数は六一日になるが、一匹一夜あたりの成功率は、なんと〇・〇二％！

出席日数が多いほど逆に成功率が低くなるということの傾向は、他の年の繁殖でもよく見られる。たとえば、一九八〇年では、一日出席九匹中、なんと五匹が成功したのに、六〜九日出席の七匹は全滅であった。

毎時間欠かさず講義に出ているのに試験に落ちる学生もいれば、ほとんど出てこないのに試験だけは通るという学生もいる。これは要領の問題だが、こんな結果を見ると、ヒキガエルの世界にも要領の問題があるのかなという気がしてくる。

繁殖期間中、メスはだらだらと出てくるのではなく、一夜あるいは連続した二夜に集中して現われる傾向がある。その夜に出てきて抱接し、満足して立ち去る。そんなオスがいちばん要領が良く、そしてそんなオスがけっこういるらしい。その上、のんびりと長生きして、何年にもわたって繁殖に参加し続ければ、メスとの出会いは必ず保証される。もし来世ヒキガエルに生まれ変わることがあったら、この結果をよく覚えておいて、要領良くヒキガエル生を送ろうと思う。

第四章　生まれてから死ぬまで

卵・オタマジャクシ・子ガエル

卵の孵化

繁殖の興奮は去り、親ガエルはすべてねぐらへ引き上げ、池はふたたび静けさをとりもどす。しかし、日毎に若葉が色あざやかになっていくにつれ、池のなかではヒキガエルの卵がたゆみなく発生を続けており、身動きを始め、やがて孵化する。産みつけられておよそ一〇日後、親ガエルが春眠から目覚め餌を求めて出てくる四月下旬のころである。孵化直後の幼生は、まだ口も開かず、尻尾ものびきっておらず、体内の卵黄を使って発育を進める。オタマジャクシの形になるまでには、さらに五日ほどかかる。

オタマジャクシになるやいなや、彼らは猛烈な食欲で池のなかの食べられそうなもの、ごみや藻や魚の死体や、ありとあらゆるものを食べ始める。オスにしめ殺されたメスの死体が浮かんでいたら、それも遠慮はしない。ネズミやカエルなど、小さな動物の骨格標本をつくる時には、ヒキガエルのオタマジャクシに仕上げをまかせるとよい。彼らはありとあらゆる骨のすき間から筋肉をなめとって、きれいな標本をつくってくれる。

ヒキガエルの卵の孵化率は、ものの本によると、九〇％以上の高率だそうである。だから、寒波が急に襲ってくるようなことがなければ、卵の大半がオタマジャクシになると考えてもよい。

一匹のメスが産む卵の数は、すでに述べた通り、二千から二万と言われている。純野生のものにくらべてやや小ぶりな本丸跡のヒキガエルでは、平均一匹あたり五千個というところだろうか。

H池へ産卵にくるメスは、一九七九年の三六匹が最高で、七四年の三五匹、七七年の三四匹がこれにつぐ。メスの場合は見落とす率が高いので、実数はおそらく四〇匹を越えているにちがいない。すると卵は二〇万個、そしてその九〇％、一八万匹のオタマジャクシが泳ぎ出す。全長一七メートル、水面面積三三平方メートルの小さなH池は、こうしてオタマジャクシに埋めつくされることになる。

オタマジャクシの敵

餌不足で死ぬオタマジャクシも多いと思うが、それ以上の大敵は、彼らを食べにくる捕食者である。孵化したとたんからメダカにつつかれ、ヤゴに食べられ、タガメやゲンゴロウに捕まり、イモリにもまたその大きな口で丸呑みにされる。たくさんかたまり、おっとりと泳いでいるオタマジャクシは、多くの動物の格好の餌となっているのである。

金沢市にたくさんいるカラス――かつて数えたことがあるが、三千羽から四千羽もいた――は、夕方餌場からもどってきた時、ねぐらへはいる前に一度金沢城に集結する。そして、寝る前のデザートとしてオタマジャクシをつまみ食いすることがあるらしい。私は見たことはないのだが、瀬藤さんとともに本丸植物園をつくり守ってこられた里見信生金沢大学元教授は私に、カラスがオタマジャクシを捕食する場面を実演入りで説明して下さった。「カラスが池の岸に立ってなあ。首をのばして、くちばしですくって、それから天をあおいでこくこくと呑み込むのや」

よく太っておられる里見先生は、どう見てもカラスには見えなかったが、その情景は生き生きと呑み込めた。ずっと後、論文を読んでいたら、アメリカのカケスの一種ブルー・ジェイが、ヒキガエルのオタマジャクシを同じやり方で大量に食べていることを知った。カケスはカラス科の鳥だから、文字通り洋の東西を問わず、似た生き物は似たことをし、されているわけである。

やはりアメリカで、ガーター・スネークというヘビがオタマジャクシを食べているという論文もあった。人に聞いた話ばかりで申し訳ないが、金沢大学生物学科の同僚石崎ゆみ氏の話は面白い。自宅の庭に小さな池があって、毎年ヒキガエルが卵を産む。それがオタマジャクシになるころ、どこからともなく一匹のアオダイショウがやってきて池にはいり、泳ぎながら呑み込んで向こう岸に上がり、姿を消すというのである。「毎朝くる時間が決まっているから、きっと朝の定食なんでしょう」

こうして数多くのオタマジャクシが命を失い、その数はどんどん減っていく。どのくらい減るかを調べようと思ったら、小さいとはいえ水量六トンあまりもあるH池の搔い掘りをしなければならぬ。とても私の手に負える作業ではない。

でも、それをやってのけた人がいる。一九七四年当時の大学院生、櫛谷宗昭氏である。やはり若さはすばらしい、と誉めておいて、その成果を内緒でいただいておこう。五月下旬、孵化して二か月足らず、そろそろ後足が生えかけているころだったが、ざっと五万匹のオタマジャクシがいたそうである。二〇万個の卵は早くも四分の一に減ったことになる。

変態と上陸

五月の末から六月の初めにかけて、ヒキガエルのオタマジャクシはいよいよおなじみの変態にとりかかる。後足を生やし、前足を出し、口を大きく開き、目玉をとび出させ、尻尾を吸収すれば、もう立派なカエルである。といっても、変態直後の子ガエルは体長わずか七、八ミリ、小指の爪ほどしかない。うっかりつまむとそれだけでつぶれてしまいそうな、小さく繊細な生き物である。その姿から、後の大きくふてぶてしいヒキガエルの姿を想像することは難しい。

この小さな子ガエルが、六月初旬のある日、いっせいに上陸し散らばっていく。五万匹のオタマジャクシはさらに減っているが、それでも二、三万匹はいるだろう。だから、上陸日の池の周りは子ガエルで埋めつくされ、気をつけていても踏みつぶすことになる。本丸跡の池にはめったに人はこないから、踏みつぶすのは私くらいなものだが、前にもちょっとふれた卯辰山の池では凄惨な状況となる。ここは公園で、池の周りに駐車場と道路がある。何十万とも知れぬ子ガエルが上陸し散らばっていく日、轢き殺され踏みつぶされた何万という死体からただよう生臭いにおいがあたり一面に立ちこめて、異様というか、すさまじい雰囲気となる。

もちろん、道路も自動車も、人間そのものもいない時代から、ヒキガエルはこの方法で変態し上陸してきた。そのころにはこんな大量虐殺は起こらなかったであろう。そのかわり、今よりも多くの捕食者が集まって来ていたにちがいない。これも学生が調べたことの横取りだが、同じH池に住むツチガエルをこの時期に捕まえて胃袋を開けてみると、ヒキガエルの子ガエルがぎっしりとつまっていたそうである。アメリカでは、オタマジャクシを食べていたガーターー・スネークが引き続き、変態後の子ガエルを捕食しているらしい。

ヒキガエルのほうも、しかし、いちおうの対策は立てている。やはりアメリカでの研究だが、オタマジャクシから変態して子ガエルになるまでの間、ゲンゴロウやタガメなどの捕食性の水生昆虫と一緒に飼ってみると、オタマジャクシなら喜んで食べていたのに、ある程度変態が進むといやがって食べなくなるという結果が出た。その理由は、変態が進むにつれて発達してくる皮膚の毒腺のせいらしい。毒腺がこれほど効くのならオタマジャクシの初めからつくっておけばいいのに、と私は思うが、ヒキガエルの「考え」はちょっとちがうらしい。もっとも、ヘビや他のカエルには、この毒腺は効かない。かえって刺激があっておいしいのかも知れない。

それはともかく、変態を完了した子ガエルたちは、草の上や水際など湿った場所に、真っ黒になるほど集まってじっとしている。何をしているかというと、雨を待っているのである。ころは六月初旬、そろそろ梅雨の始まる季節で、二、三日も待てばたいてい雨が降る。その日に彼らはいっせいに池をはなれ、四方八方へ散らばっていく。

なぜ雨を待つのか？　小指の爪くらいしかない子ガエルにとって、ヘビやカラスより恐ろしいのは乾燥である。天気の良い日に池からはなれたりすると、湿った草むらへたどりつく前に干からびてしまうにちがいない。

戦前、日本が台湾を不法占拠していた時代、サトウキビを増産するべく官立糖業試験所なるものをつくった。そして、サトウキビ畑の害虫駆除のために、アメリカ原産のオオヒキガエル（ブフォ・マリヌス）の移植を試みた。当時試験所の技師であった高野・飯島両氏は、その基礎実験として、オオヒキガエルについてのさまざまな調査を克明にやっている。その一つ、変態後五〜七日の子ガエルを乾燥させるという少々残酷な実験があった。湿度一〇〇％なら四日あまり生存したが、七〇〜八〇％ではたったの五時間、二九〜三五％なら一時間、そして一七％以下にすると三〇分で、全員干からびて死亡したという。これではやはり、雨を待たなくてはならないようである。

上陸後初めての夏

さて、雨に助けられて子ガエルたちは、池をあとに適地を求めて散らばっていく。どんな道を通ってどこまで行くのか、といったことは一切調べていない。そのためには、上陸直後の子ガエルに標識をつけ、そのあとをしつこく追い続けなければならないのだが、小指の爪の子ガエルを何千匹も捕まえてその足の指を切るなど、考えただけで身の毛がよだつ。これは私だけでなく、たいていの研究者がそう思うらしく、ずいぶんとヒキガエルの研究論文は調べてみたのだが、そんなことをやっている研究は見当たらなかった。ただ一つ、アメリカの蛙学者ブレイアーが、上陸直後の子ガエル三五七匹に標識し、一年後二五四匹を再捕したという結果を報告していた。一年目の生残率が七％であったという、ただそれだけのことなのだが、その苦労を思えば尊敬せざるを得ない。

標識して追跡することはしなかったが、上陸した子ガエルが分散していく現場は一回だけ見たことがある。それは六月初旬のある雨の日の午後であった。まったく別の用事で学内、つまり金沢城内、を歩いていた私は、コンクリートの道路上で、決して無数ではないが、無数と言いたくなるほどたくさんの子ガエルがとび跳ねているのに出くわした。この場所は、最も近い繁殖池から八〇メートル、本丸H池からは三〇〇メートル以上もはなれていた。小さい彼らも、雨のなかなら相当遠くまで移動していくことだけは、これでわかったのである。

彼らが夏をすごす場所は、少し調べてみたのだが、遂にわからなかった。おそらく草むらや落ち葉の下などにもぐり込んでいるのだろう。

私の記録の最小形は、S池の岸の草の葉にとまっていた二五ミリの個体である。見つけたのは八月下旬だから、上陸後三か月足らずで体長が三倍以上になっていたことになる。

上陸後一年の成長記録

野外ではまったく見つからないこの子ガエルを半自然状態で飼って、成長を記録した人がいる。H池を掻い掘りしてオタマジャクシの数を数えた当時の院生、櫛谷宗昭氏である。ここでも、その資料を拝借することにしよう。

彼は、屋外にある八八センチ×一〇四センチ、深さ一〇〇センチのコンクリート製水槽に、土を入れ、草を植え、落ち葉をまいて、そのなかに上陸直後の子ガエル数匹をはなした。時々取り出して体長と体重を測る以外、餌も与えず放置しておいたのだが、彼らは落ち葉のなかに発生したササラダニなどを食べ、翌年四月まで二匹が生き延びた。その一匹の成長記録はつぎの通りである。

年月日	変態後日数	体長（ミリ）	体重（グラム）
一九八一年六月二三日	六	七・七	〇・四
八月二〇日	六四	二〇・〇	六・五
一〇月二〇日	一二五	三六・六	四二・一
一二月二一日	一八七	三四・一	三八・二
一九八二年四月　七日	二九四	三五・六	四七・〇

この記録で見ると、六月から一〇月までの四か月間に、体長が七・七ミリから三六・六ミリまで五倍近くに、体重では〇・四グラムから四二・一グラムまで、実に一〇〇倍以上にも成長している。一〇月から一二月にかけては体長・体重とも減っており、翌年四月でも一〇月からほとんど成長していないが、これは言うまでもなくこの間冬眠していたからである。

自然ではどうか。夏の間はまったく見つからなかった彼らも、秋になると少しは本丸跡の通路へ出てくるようになり、私の老眼の目にもとまる。秋に見つけたその年生まれの子ガエルは全部で一一四、その最小は二五ミリ、最大は四九ミリで、平均は三八ミリであった。これには、八月下旬から九月にかけて見つけたものも含まれているから、一〇月には四〇～四五ミリには達していたであろう。狭い水槽に閉じ込められていた個体は、一〇月二〇日に三六・六ミリだから、やはり野外のほうが少し成長が良い。

翌年春、満一歳になると、活動も活発になりよく見つかるが、四月の平均体長は六〇ミリ足らずである。一二～三月の冬眠期には成長しないはずだから、一一月の冬眠直前には、おそらく五〇～五五ミリには達していたであろう。六月からの半年間で、彼らは体長で六、七倍、体重は測っていないが、体長の三乗として換算すれば、二〇〇～三〇〇倍にもなったことになる。まことにすばらしい成長ぶりと言わざるをえない。第二章で、ヒキガエルは夏眠するという「新発見」を述べた。しかし、上陸後の子ガエルのこの成長ぶりを見ると、とても夏眠していたとは考えられない。ここで、夏眠説から、当年生まれの〇歳児を除く、と訂正しておこう。

死亡率九七％

上陸後の子ガエルは、このようにすばらしい成長を見せる。でも、すべての子ガエルがそうなるわけではない。彼らの大部分は夏を乗り切れずに死んでしまうのである。捕食者に食べられたり、餌が足りずに飢え死にしたりするものもいるだろうが、いちばん多いのは乾燥による死亡だと考えられる。前に述べたように、一九七三年の夏は、暑くて乾いていた。そして、この年生まれのヒキガエルは、その前年の七二年生まれにくらべて一〇分の一、七五年生まれの五分の一くらいしか生き残らなかった（次節参照）。

計算の仕方はのちに述べるが、私の推定では、生後一年の間の死亡率は九七％に達するようである。ブレイアーのヒキガエルは九三％だったから、私のヒキガエルはそれよりきびしい。二万四上陸しても、翌年四月に満一歳の誕生日を迎えられるのは、たった六〇〇匹しかいないというのだから。

私たち人間でも、かつて、それもほんの少し前のかつて、幼児死亡率が高く、それが逆に子沢山を呼び起こした。最近は、生まれた子供の大半が育つようになり、子供を産む数はかえって減っている。人間の感覚では、幼児死亡率が低下することは、善い事である。そこで、大量の子供を死なせてしまうヒキガエルのやり方について、改良の余地はないか、ちょっと考えてみよう。

上陸後の夏に九七％もの子ガエルが死んでしまうのは、ひとえに彼らが小指の爪くらいの大きさしかないからである。満一歳まで生き延びた体長六〇ミリのカエルは、つぎの一年におよそ半数が生き残る。だから、一年ほどオタマジャクシですごし、大きくなってから変態し上陸すれば、こんなにたくさん死ななくてもすむはずである。事実、そうしているカエルもいる。ヒキガエルよりも大きくなるアメリカ原産のウシガエルは、オタマジャクシで二〜三年をすごし、いきなり体長数センチの立派なカエルとなって上陸する。ヒキガエルはなぜそうしないのか？

それは、ヒキガエルの仲間が乾燥地域に適応していったカエルであることに関係があると思われる。乾燥地域では、池が常に池であるという保証はない。いつ単なるくぼみに変わるかも知れない。池を絶対必要とするオタマジャクシ時代を、そう長くとるわけにはいかないのである。もっとも、雨の多い日本へ来たのだから、もっと池を信用するようになってもいいのだが、一度獲得した性質はなかなか変えないというのが生物の大きな特徴であって、日本へ来たからといってそう簡単に変わるものではない。

オタマジャクシの期間を長くとれないのなら、卵を少なくして一つ一つを大きくするという手がある。同じH池に、ちょっと時期はおくれるが、モリアオガエルが卵を産みにくる。ヒキガエルよりずっと小さいカエルだが、やはり二か月くらいで変態上陸した子ガエルは、ヒキガエルよりも大きい。それは、モリアオガエルが卵をたった二〇〇～三〇〇個しか産まないからである。ヒキガエルでも卵の数を減らせば、もっと大きな卵、ひいては大きな子ガエルを上陸させることができるはずである。なぜそうしないのか？

これもまた、ヒキガエルが乾燥に適応していったカエルであることが、からんでいるように思われる。モリアオガエルは森林という安定した環境に住んでいる。しかし、乾燥地域では、時として卵やオタマジャクシを全滅させるようなことも起こりうる。安定した条件の所なら毎年少しずつ確実に卵を産んでおくだけでよいが、条件が不安定だと、良い条件の年にできるだけたくさんの子供を増やしておく必要がある。そのためには、常に大量の卵を産まねばならないのである。

生物がたくさん子孫を残すのに、大きく言って二つの方法がある。一つは、途中で死ぬことを勘定に入れて、できるだけ多くの卵を産む方法で、魚がその典型である。ニシンの数の子は数百万、マンボウにいたっては、だれが数えたのか知らないが、二億の卵を産むという。もう一つは、少なく産んで大事に育てるやり方で、胎生になった哺乳類がその典型となる。カエルのなかにもこの二通りの方法をとるものがいて、ヒキガエルは、ニシンには劣るとしても、たくさんの卵を産み、南アメリカのデンドロバテスというカエルは、一〇匹足らずのオタマジャクシを親が背中におぶって保護している。ついでに言うと、このオタマジャクシは泳ぎが下手で、親が水中でふり落とそうとしても、いやがってなかなかはなれないそうである。

幼児死亡率を下げるのは善である、という道徳は、人間だけのものだから、ヒキガエルのオタマジャクシや子ガエルがいかに大量に死んでも、ヒキガエルを非難することはできない。それが彼らのやり方なのだから。と思ってはみても、ひと夏の間に無惨に減ってしまった子ガエルを目のあたりにすると、やはり何とかできないものかと考えてしまうこともある。

一歳以後の成長

一歳の春

上陸した翌年の春、子ガエルたちは満一歳を迎える。体長は平均六〇ミリ、もうもろくも頼りなくもない、一人前のカエルである。ただし、性的にはまだ成熟していない。繁殖に参加できるようになるには、この後オスで一、二年、メスでは二、三年かかる。人間で言えば小学生といったところか。

そう思って見ると、陰気でふてぶてしい老成個体にくらべて、この満一歳児は明るく活発でよく動き、まさに若々しい感じである。そして、成体よりはるかに高率で夜な夜な餌を求めて現われる。といっても、そこはやはりヒキガエル一族のことだから、毎晩皆勤するところまではいかない。休みは抜け目なくちゃんと取っている。

一歳の春は、彼ら彼女らにとって最も大切な成長期である。四月に体長六〇ミリで出発した一歳児は、五月六三ミリ、六月六六ミリと、月平均三ミリのペースで成長していく。七月になると七〇ミリを越え、そこで夏眠にはいる。

この成長記録はもちろん平均値であって、すべてのカエルがこのように育っていくわけではない。個々のカエルで見ると、どんどん成長するものから、ほとんど育っていないものまで、いろいろである。四月に測定した一歳児五四匹中、最小は四四ミリ、最大は七六ミリで、その差は三二ミリもあった。これは平均体長六〇ミリの五三％にも達する。小学校一年生の平均身長を仮に一メートルとすれば、七三センチから一二七センチまでの幅となる。

この成長の個体差はその後もずっと残り、五月に測った四九匹では最小四八ミリ、最大八五ミリで、差は三七ミリ、六月測定の一二一匹ではそれぞれ四八ミリ、八二ミリ、三五ミリで、平均体長に対する率は、いずれも五〇％を越えている。

七〜八月は夏眠の時期で、一歳児も一人前にあまり出てこなくなるのだが、老成個体よりは活動しているようで、秋になると最も小さいものでも七二ミリ、成長の良いものは一〇七ミリと、体長一〇センチを越える。体長一〇センチがヒキガエルの親と子の境界だから、成長の良い一歳児は、秋（一歳半）にはもう押しも押されもしない立派なヒキガエルになるのである。

年齢級群

小学校や中学校で毎年、学年毎に身長や体重を測っているが、これは人間の成長の基本的な資料となる。動物の場合でも成長を調べるには、同じ年に生まれた年齢集団を見つけて測定しなければならない。これを年齢級群、年齢級、もっと略して年級などと呼ぶのだが、戸籍が完備している人間とちがって、野生の動物の年齢を正確にとらえることはけっこう難しい。それで、ヒキガエルの調査を始めたころ、私には年齢級を取り出して追跡しようなどという野心はまったくなかった。

私は、ひたすらヒキガエルを捕まえ、指を切り、体長を測り、地図の上に記録することに専念した。私が調査を始めた一九七三年は、あとで述べるが、小さな個体ばかりで老成個体がほとんどいないという、本丸跡のヒキガエル集団にとっては特異な時期だったのだが、何しろ何も知らずに始めた研究だから、ヒキガエルって案外小さいんだな、と思っただけだった。

この小さなヒキガエルが、どうも前年生まれたものらしい、と気がついたのは、調査を始めてから三年目、一九七六年の春のことだった。この年は、小さくて活発でみずみずしい子ガエルがたくさん出てきて、いやでも目についた。そして、そろって指は切られていない。彼らは前年生まれの一歳児にちがいない。

ひょっとすると年齢級を取り出せるかも知れない。もし取り出せたら、成長や生残率や、その他もろもろ、野生の動物相手ではなかなかわからないことが明らかにできる。それだけで論文の二つや三つは書けそうだ。

研究者の初心に帰り、論文のことなど考えずにヒキガエルのすべてを調べよう、などという高貴な精神はどこかへ飛び去り、私は連夜、この一九七五年生まれの一歳児を一匹でもたくさん捕まえようと、本丸跡へ通いつめた。直接の利益なるものは、高貴な精神よりも人を研究に駆り立てるものではある。

春が過ぎるころ、私は一九七五年生まれであることが確実な満一歳児一八八匹に標識をつけ、一人ににんまりしていた。特に大きな数とは言えないが、成長や生残率、寿命などを追跡するには何とかなりそうな数である。事実、この一九七五年級は、その後の私の研究の中核となった。人の欲はきりのないものである。たまたまうまく年齢級が取り出せたのだから、それで満足しておけばよいものを、逆に、もっとたくさん年齢級を取り出したいという欲が高まった。実験でもそうだが、野外調査の場合は特に、一回一例では確実な証拠にはならない。偶然とんでもないことが起こるというのが、この世の常であるからである。同じことを二度調べ、結果が一致すれば、それが偶然である確率はぐっと減る。三回調べたら、まず間違いのない結果が得られよう。

年齢級の取り出し方はわかったのだから、一九七七年の春まで待てば、一九七六年級を捕まえることができる。ところが、一九七六年の繁殖は、天候にだまされて三月中に産卵が行なわれ、その後の寒波で卵のうちに凍死してしまっていたから、一年待っても取り出せる見込みはない。そのつぎの年齢級は一九七八年春まで待たなければならぬ。せっかちな私は、そんなには待てない。

そこで、これまでの記録をあたってみることにした。捕まえた年月日と体長はもれなく記録してある。それをもとに年齢級を取り出すことはできないだろうか。

一九七五年級の一歳春の体長は、最小四四ミリ、最大八五ミリ、平均六〇～六六ミリである。だから、春にこの範囲にはいっているものは、その前年生まれの個体と見て間違いなさそうである。私は、まず一九七五年春の記録を調べてみた。ところが、その大きさの子ガエルがほとんどいないのである。一九七四年の繁殖には四〇匹近いメスがやってきて、上陸した子ガエルも相当たくさんいたのに、その後一年の間に全滅してしまったらしい。それでつぎに一九七四年春の記録を調べると、体長八〇ミリ以下の子ガエル四八匹を拾い出せた。ちょっと少ないが、一九七三年級として使えそうである。

私の調査は一九七三年夏に始まっている。もし、春から始めていれば、一九七二年級が取り出せたのだが、秋、生後一年半になると、取り出すのが難しくなる。それは、一歳半になるとその成長の良かった個体が、その前年生まれの成長が悪かった個体を追い越してしまうからである。一九七五年級の例で言えば、一歳半の最大は一〇七ミリで、それに対する二歳半の最小は九〇ミリにすぎない。一九七三年秋に一〇〇ミリであったカエルは、体長だけでは七一年生まれか七二年生まれかわからないことになる。実を言うと、この重なりは一歳春にもすでに生じている。これも一九七五年級の資料だが、満一歳の最大は八三ミリ、満二歳の最小は七七ミリで、六ミリ分重なっている。しかし、秋にくらべると重なりはわずかだし、その前年一九七四年生まれのカエルは全滅しているのだから、この場合はまぎれる恐れはない。

というわけで、論理的には一九七二年級を取り出すことはできない。しかし、どうしても取り出したい。そこで、ちょっとした手品を使うことにした。

二歳半の最小個体は九〇ミリである。すると、一九七三年秋に記録したカエルのなかで、九〇ミリ以下の個体は、相当確実に一九七二年生まれの一歳半であろう。その代わり、成長が良く九〇ミリを越えていた一九七二年生まれのカエルは除外されてしまうことになる。

この方法で拾い集めた「一九七二年級」は、一九七五年級とほぼ同じ数、一七八四匹もいた。ただし、一歳半の平均体長は八九ミリだから、これは平均以下の成長しかしなかったものだけ取り出したことになる。もし春に調査していたら、倍の三五〇〇匹、いや、春から秋までの死亡をいれれば四〇〇〇匹くらいは取り出せただろう。一九七五年級の二倍以上で、一九七二年は繁殖が異常に成功した年であったらしい。

こうして、成長が平均以下の落ちこぼれ集団としての一九七二年級を取り出すことができた。そして、この落ちこぼれ集団が、なかなかしたたかなところを見せてくれたのだから、こういう調査は止められない。

それはともかく、七二年級（一七八匹）・七三年級（四八匹）・七五年級（一八八匹）という、三つの年齢級を取り出すことに成功した。そしてその後、彼らの追跡が調査の中心となったわけである。

ヒキガエルの成長

これらの三つの年齢級は、一九八一年まで追跡した。七五年級は六歳、七三年級は八歳、七二年級は九歳までということになる。ただし、数の少なかった七三年級は一九八〇年の春に姿を消し、六歳で全滅している。

この三つの年齢級のカエル合計四一四匹は、その後実にさまざまなことを教えてくれた。ここではまず、その成長ぶりを紹介しよう（図7・表1）。

初めて捕まえた時満一歳であることが確実で、数も一八八匹といちばん多い、七五年級を例にとろう。一歳秋まではすでに述べたので、二歳春から続けることにする。

一歳の秋、平均八九ミリであったヒキガエルは、冬眠を終え二歳の春を迎えた時、平均九五ミリまで成長している。最小でも七七ミリ、最大は一一一ミリに達していた。繁殖に参加した最小形は、私の記録では八七ミリ（オス）だったから、二歳オスの平均以上の個体は繁殖に参加する資格がある。事実、満二歳で繁殖池に出てきたオスはいくつかいて、そのなかには早く

●図7――1972年級・1973年級・1975年級の成長曲線

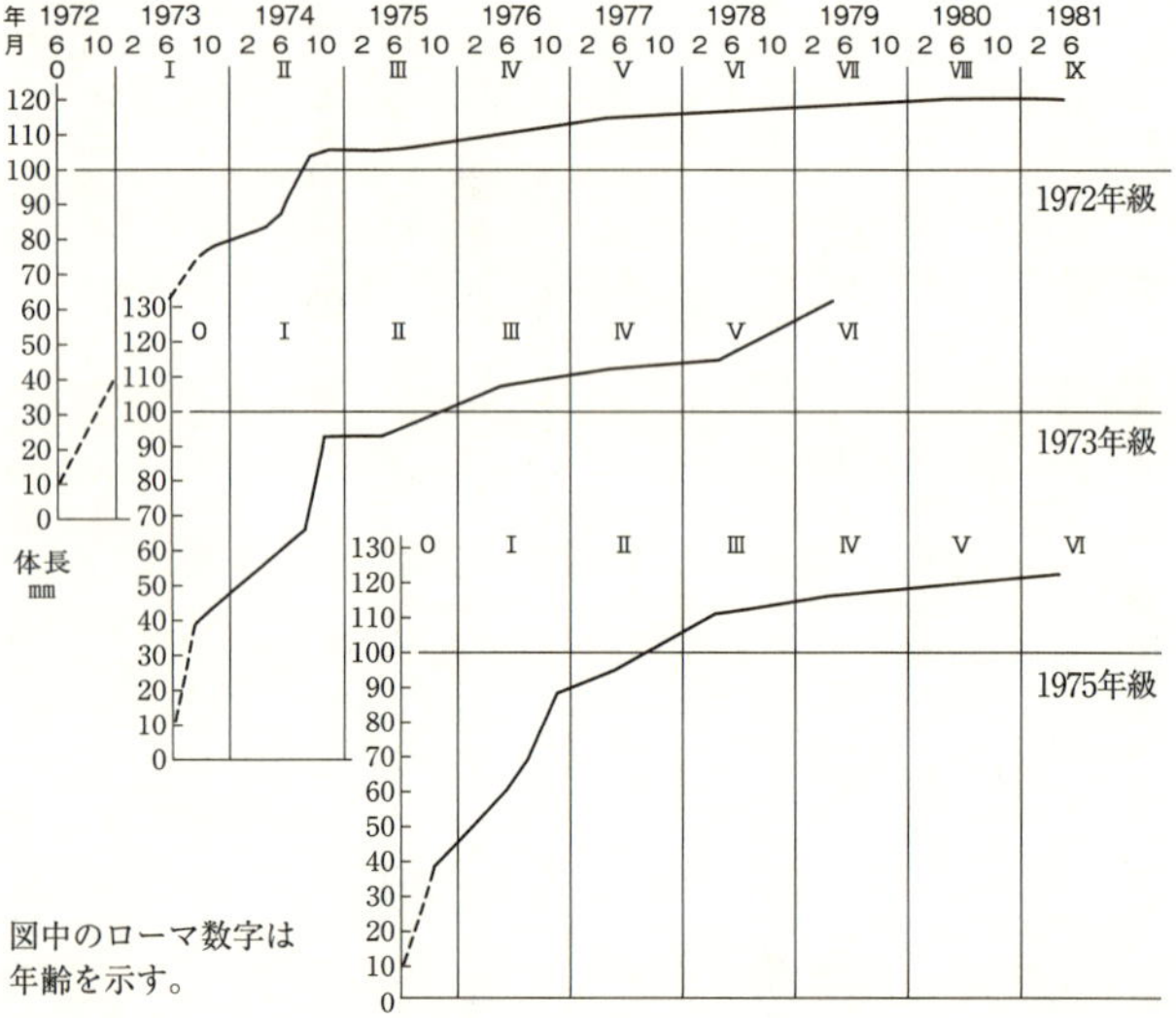

もメスと抱接したものもいる。メスのほうも、数は少ないが、満二歳で産卵した個体がいる。しかし、オスもメスも、二歳児の多くは、まだ繁殖にはやってこない。

二歳の秋になると、平均が一〇〇ミリを越える。こうなると押しも押されもせぬ「大人」である。ただし、育ち損ねてまだ八〇ミリの「子供」もいる。

三歳の春、平均でおよそ一一〇ミリに成長したヒキガエルは、大挙して繁殖に加わってくる。もっとも、それはオスだけで、メスの主力の繁殖参加は一年おくれ、四歳春となる。成長のおくれていた個体も一〇〇ミリを越し、やっと大人の仲間入りを果たす。

●表1――1972年級・1973年級・1975年級の成長記録（単位mm）

1975年級

年	1975	1976					1977		1978	1979	1980	1981
月	9	3	4	5	6	10	春	夏	春	春	春	春
年齢	0	1					2		3	4	5	6
標本数	2	1	54	49	121	25	35	9	21	27	18	13
体長 平均	36.0	62	59.1	63.0	66.0	88.6	95.2	99.4	112.0	117.4	119.4	121.6
最小	35	—	44	48	48	72	77	82	106	107	111	111
最大	37	—	76	85	83	107	111	117	122	129	124	133
差	2	—	32	37	35	35	34	35	16	22	13	22

1973年級

年	1973	1974			1975	1976	1977	1978	1979	1980
月	8-10	3-5	6-9	10-12	春	春	春	春	春	春
年齢	0	1			2	3	4	5	6	7
標本数	9	27	19	18	8	5	4	6	1	0
体長 平均	39.2	57.4	66.1	93.4	94.0	107.0	111.8	113.5	131	—
最小	25	34	49	66	74	101	108	104	—	—
最大	49	79	108	105	110	113	120	123	—	—
差	24	45	59	39	36	12	12	19	—	—

1972年級

年	1973		1974					1975	1976	1977	1978	1979	1980	1981
月	8-9	10-11	3-4	5	6	7-9	10-11	春	春	春	春	春	春	春
年齢	1		2					3	4	5	6	7	8	9
標本数	123	126	74	69	78	41	29	22	28	28	25	12	9	4
体長 平均	74.1	77.5	81.3	84.2	92.1	102.1	104.6	104.4	108.3	113.4	115.2	117.3	119.8	119.3
最小	52	54	59	61	67	76	87	98	94	100	105	109	114	118
最大	90	96	96	98	108	119	121	112	123	124	126	124	129	120
差	38	42	37	37	41	43	34	14	29	24	21	15	15	2

体長が一〇〇ミリを越し、性的に成熟すると、ヒキガエルの成長は目立っておそくなる。しかし、成熟すると成長の止まる哺乳類とはちがって、彼らは死ぬまで成長を止めない。三歳春に一一二ミリに達した七五年級は、四歳春に一一七ミリ、五歳春に一一九ミリ、六歳春に一二二ミリと、ゆっくりだが確実に成長していく。私が金沢城内で記録した一三三ミリの最大個体は、この年齢級の六歳の一匹だった。一方、同じ六歳でも一一一ミリという成長おくれの個体もいた。

七三年級四八匹の成長は七五年級とほぼ同じであった。ただし六歳で全滅してしまった。いちばん長く生存し、いちばん長く資料をとることができたのは、平均以下の落ちこぼれグループである七二年級だった。といっても、一歳半までのハンデはなかなか回復できなかったが。

一歳半を平均七八ミリで出発した七二年級はその時点で、七五年級の八九ミリに一一ミリの差をつけられている。これはその体長の一四％にもあたる。二歳春には八一ミリに達しているが、七五年級の九五ミリにくらべて差は一四ミリ（体長比一七％）と、むしろ増大した。三歳春には一〇五ミリと大人の仲間入りを果たすが、七五年級の一一二ミリになお七ミリ及ばない。しかし、相当追いついてはいて、体長比にすれば七％と半分になっている。以下、四歳一〇八ミリ、五歳一一三ミリ、六歳一一五ミリと、おくれながらも確実に成長を続ける。ただし、六歳になっても七五年級との差は七ミリもあり、最大個体をとってみても、七五年級の一三三ミリに対して一二六ミリとおくれをとっている。子供のころの成長のおくれは、やはり終生つきまとうようである。

このように成長ではおくれをとった七二年級だったが、この落ちこぼれ集団は生き残る術にはたけていた。ほぼ同数（一八八匹と一七八匹）で出発した両者は六歳春になると、七五年級の一三匹に対して七二年級は二五匹と、二倍も多く生き残っている。七五年級が六歳になった年で調査を打ち切ったので、その後の生き残りはわからないのだが、七二年級のほうは九歳になってもなお四匹が健在だった。

成長の個体差

大学へはいって、初めて経済学の講義を聞いた。その冒頭の話を今でも覚えている。「ここに二軒のパン屋さんがありまして、一軒は一〇円、もう一軒は同じパンを一二円で売っているとします。そうしたら、すべての人、一〇〇人が一〇〇人とも、一〇円のパン屋さんへ買いにいく。実際には、パン屋の親父が気に入ったから高いパンを買いにいくといった人もいるでしょうが、経済学ではそんな人は認めない。認めたら、経済学が成り立たなくなるのです」

その時は、大学の先生って変なことを考えているんだな、と思っただけだったが、生態学で野生の生き物を調べるようになってから、やっとその意味が理解できた。

魚でも蛙でも、同じ種の個体をたくさん調べて何か言おうと思ったら、結果をすべて数字におきかえて計算し、平均何ミリなどという表現にならざるを得ない。その時、一匹一匹の個体にそれぞれちがった性質やくせがある、などと考えていたら、計算しにくくなる。経済学で「経済」を度外視した変な人を認めると、人間や商品を単なる数とみなし、GNPを計算するといった「高度」な学問は成り立たなくなるのと同じである。

とはいえ、人間社会は変な奴がいるからこそ面白いのであって、また、一人一人が個性ゆたかであってこそ平和が続くのであって、みんなが画一化すると、いつかのように「右向けぇ右っ！」と号令をかける連中が現われてくる。私たちは高いパンを買いにいく「非経済人」をもっと大切にしなければならない。多数を占めているからといって、「PKO法案」を多数で押し切ってはならないのである。

人間ほどではないが、野生の生き物にも一匹一匹「個性」のようなものがある。近代生態学は近代経済学にならって、すべての生き物を数量化しつつあるが、これではせっかくの生き物の面白さを台無しにしてしまう。

と、偉そうな事を書いているが、私も実は近代生態学に相当毒されていて、私の生のデータは数字ばかりである。ところがヒキガエルどもは、私の数量化に抵抗をしてきた。利害を無視

●図8——月間成長量の個体差

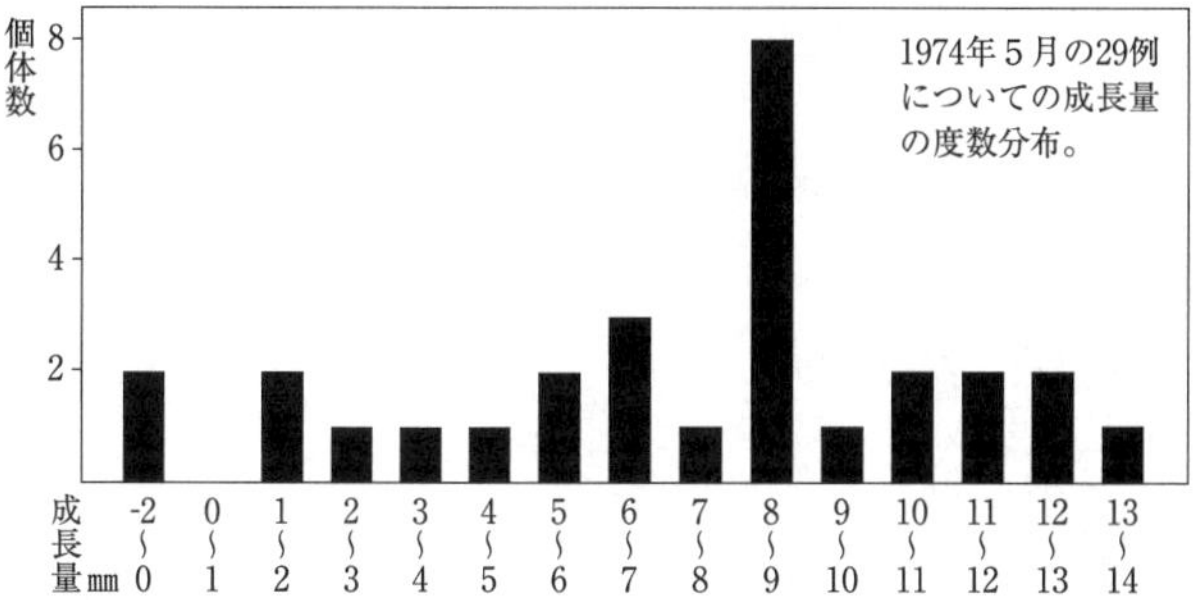

して池のなかにとどまる変なオスが現われたりして、平均を求めるといった単純なことをやっているだけでは何もわからないよ、と教えてくれたのである。

成長についても、急速に成長する優良児もいれば、一向に成長しない劣等児もいる。その差は、どのようにしてつくられていくのだろうか？

一九七四年の春、カエルはたくさん出てきて、私も熱心に調査した。それで、体長の記録もたくさんとれた。そのなかから、五月初めと五月終わりに測定できた、つまり五月中の成長量を記録できたカエルを取り出すと、二九匹いた。何ミリ成長したカエルが何匹いたかを表わす図を示しておこう（図8）。

成長量は、マイナス二ミリ——もちろんカエルが縮んだのではなく、私が測り間違ったのにちがいない——から一四ミリまで大きな差がある。しかも、八〜九ミリのところに八匹が集中しているのを除くと、ほぼ均等にばらけている。餌を食べに出てきたからこそ私に捕まり体長を測定されたのであって、成長しなかった個体でもひと月間寝ていたわけではない。出てくる度に大きなミミズに出会った幸運なカエルもいれば、連夜出動してもアリの二、三匹しかあたらなかった不運なカエルもいただろう。あるいは、餌をとるのに巧みなカエルと、ドジなカエルがいるのかも知れない。ともかく、同じヒキガエルの同じ一歳児が同じように活動していても、成長にこれだけの差が出てくるのである。

つぎに、一歳から二歳にかけての成長の個体差を見よう（図9）。図は、七二年級から測定記録のたくさんある四匹を選び、一歳半から二歳半までの成長をグラフにしたものである。

一歳半の平均体長は約九〇ミリである。cは八〇ミリを越しているから、まず平均に近い。

●図9――2歳時の成長曲線4例

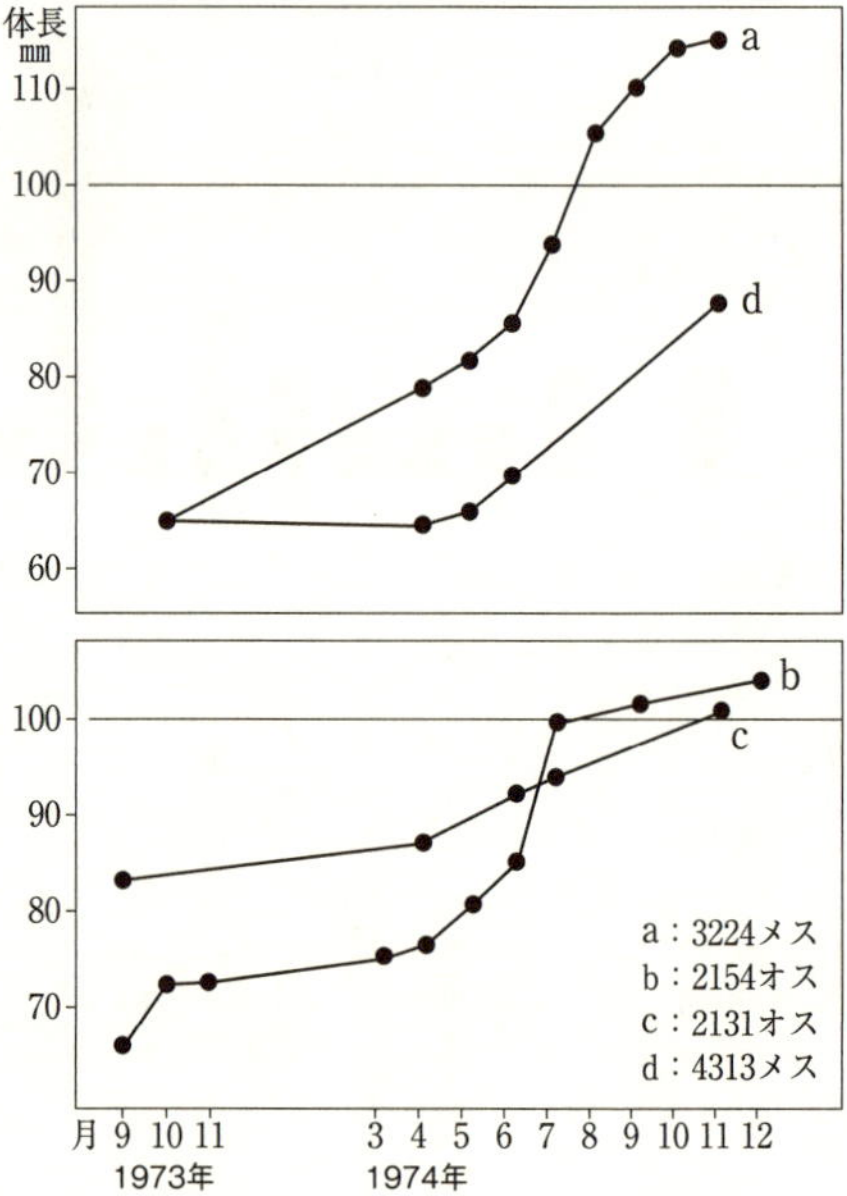

●図10——個体の成長曲線

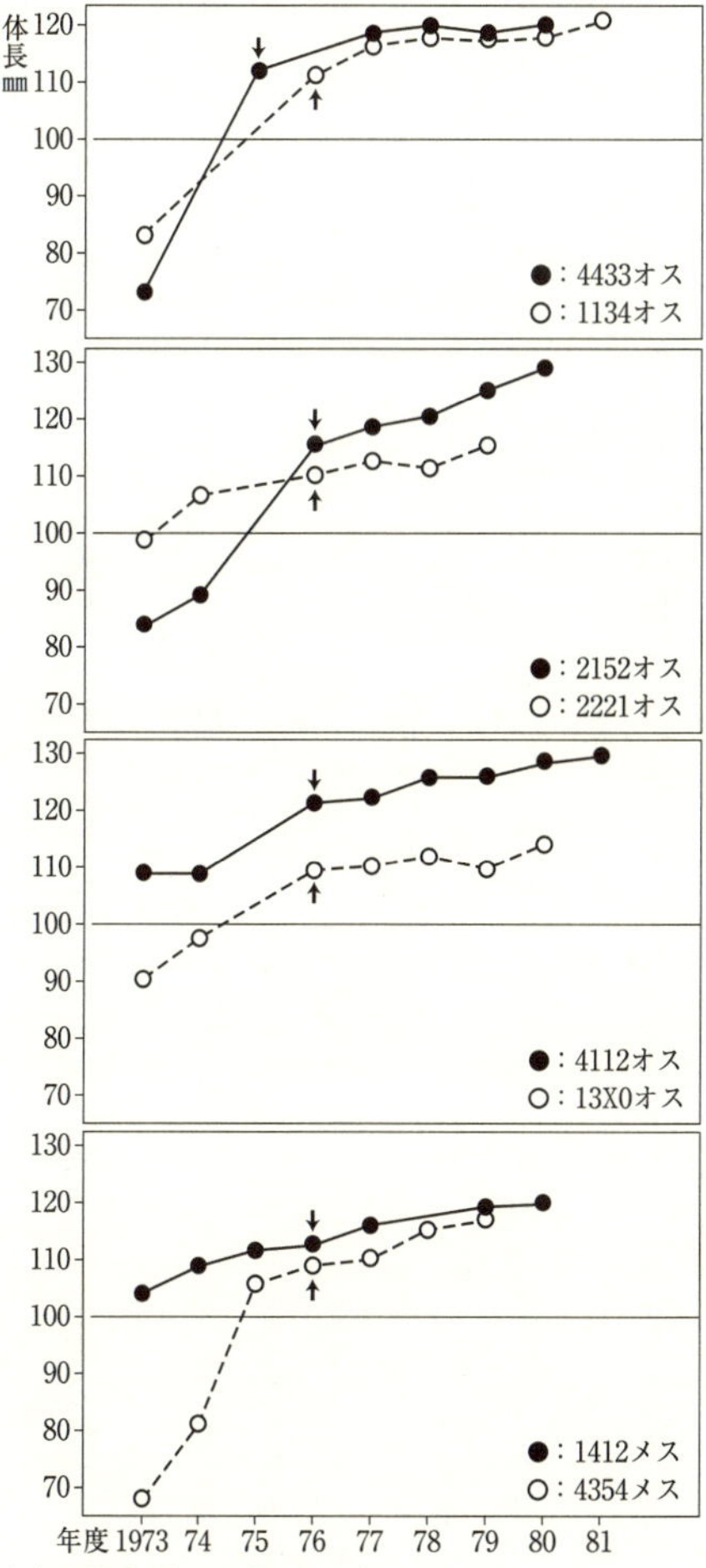

矢印は繁殖に初めて参加した年を示す。

一方、abdの三匹は八〇ミリに達せず、〇～一歳の間の成長がきわめて悪かった個体であった。この未熟児三匹のうち、aとbは、二歳の春ぐんぐん成長しておくれをとりもどし、二歳秋には一〇〇ミリを突破した。aは夏休みも返上し、秋にも大いに活動して、平均をはるかに越えた一一六ミリの堂々たる成体に達している。dは、しかし、成長すべき春におくれをとり、夏から秋にかけて少し頑張ったが、結局一〇〇ミリにはとどかなかった。

ところが、一歳半で八〇ミリを越えていたcは、どういうわけか成長せず、春の終わりにはaとbに追い越され、秋にようやく一〇〇ミリに達するという有様であった。

同じように見えるカエルでも、一匹一匹見ていくと、このようにさまざまな成長の仕方をしている。もっとも、夏休みを返上して働き大きく成長したからといって成功するわけでもなく、たまたま何かの事情で春の成長に失敗したからといって一生不幸せになるわけでもない。最高の成長を遂げたaは、このグラフの右端の記録を最後に姿を消してしまった。享年二歳半である。aに追い越されたcは、翌年の春、小さいながらも成熟したオスとなり、その後四回も繁殖に参加し、少なくとも一回はメスを抱接し、九歳まで生きて、私の「長寿者リスト」(表5・二九三ページ)にその名を記されることになった。

ついでに、もっと長期にわたる個体の成長曲線を、オス六匹、メス二匹について示しておこう(図10)。同じヒキガエルでも、さまざまな成長の仕方をするものだということを、この図から読み取ってもらえたら幸いである。

生き残りの率と寿命

ヒキガエルの生命保険

日本人の平均寿命が世界一になったらしい。何でも、男が七六歳、女は八二歳だとか。平均寿命を計算するには、全国民一人一人が生後何年生存したかという資料がいる。明治以来日本では、莫大な金を使って人口統計をつくってきた。四年に一度の国勢調査がそれである。その結果、一〇年後、二〇年後の日本の総人口や年齢構成がわかり、そのうち働かない老人が大幅に増えて年金財政がパンクする、といったこともわかる。私が生きている間くらいは大丈夫らしい。その後はどうなろうが、私の知ったことではない。

この人口統計をいちばんよく利用しているのは生命保険会社である。同じ年齢でも、そのあと何年生きそうか、つまり平均余命は男と女でちがうから、同じ額の保険にはいっても掛金の額は相当ちがう。保険会社はさらに、職種別の平均余命まで計算していて、危険の多い、つまり平均余命の短い職種の人の掛金を高くして、損をしないようにしている。

生まれた後だんだん死んで減っていくのは、人間にかぎらずすべての生物の宿命である。そして、種によってほぼ決まっている年数を経て、すべて死んでいなくなる。この年数をふつう最高寿命という。人間ではだいたい一二〇年くらいらしい。人口統計が完備するようになってからまだ一〇〇年ほどだから、この年数は将来さらに更新されるかも知れない。あるいは、より正確に年齢が記録されるようになって、もっと短くなるかも知れない。

動物の人口統計、というのは変だが、個体数の統計を担当しているのが、個体群生態学という分野である。この学問は、ある種の動物がある年何匹生まれ、年々（動物によっては月々、あるいは日々）どのように減っていき、何年後にいなくなるか、といったことを追究していく。その結果、年齢毎の生残率、最高寿命、平均寿命、年齢毎の平均余命などがわかる。それを一枚の表にまとめたものを生命表といって、どんな動物でも生命表をつくれば、その研究は高く評価されることになっている。なぜなら、こんなことは人間についてさえ最近までできなかったのであり、ましてや、用紙を配っても記入してくれない動物相手では、困難きわまる調査になるからである。その上、二、三年で死んでくれる生き物ならよいが、一〇年も二〇年も生きる動物の生命表をつくろうと思ったら、一〇年も二〇年も研究を続けなければならぬ。毎年二つ三つ論文を書かなければ落ちこぼれるくらい競争の激しい学界で、こんなのんびりした研究をやっている学者の、学者としての平均余命は短くなってしまう。寿命のほうは延びそうだが。

もともと私は、基礎的な資料としての重要性は大いに認めるが、動物が年々どのように減っていき、最高何年まで生きるのか、といったことには興味がない。カエル相手の生命保険会社をつくるわけでもないし、どうせ苦労するのなら動物が何をやっているかを調べたほうが面白い。ところが、ヒキガエルにたくさん標識し、一〇年近く続けて調査していたら、そのつもりではなかったのに生命表ができてしまったのである。意図していなかったからそんな資料は無視する、というほど意地っぱりではない。それどころか、ヒキガエルの生命表をつくったぞと、あちこちで威張っている。そこでここでも、こと志とちがってできてしまったヒキガエルの個体群生態学を、みなさんに押しつけようと思う。

一歳以後の生残率

生命表は、同年生まれの集団をしつこく追跡していくことによって明らかにできる。私には、七二年・七三年・七五年級という、年齢集団が三つもある。それらが一歳以後どのように減っていったか、逆に言うと、どのように生き残っていったか、まずそれをグラフにしてお目にかけよう（図11）。棒グラフは一歳時（七二年級は一・五歳時）を一〇〇としたその後の生き残り数、折れ線はその前年に対する生残率を示している。年級によって微妙な差はあるが、おおよそのところは一致しているので、いちばん確実な七五年級を例にして説明しよう。ただし、この年級は六歳までしか追跡していないので、そのあとは九歳まで資料のある七二年級に引き継いでもらうことにする。

七五年級は、満一歳の春にその一八八匹を標識した。その翌年、二歳で再発見できたのは、そのうち八六匹であった。したがって、半数より少し多い一〇二匹が行方不明になった。おそらく死亡したのだろう。一～二歳での生残率は四六％ということになる。

一年で半分強が死ぬなどというと、人間界では大事件だが、動物界ではありふれている。この章の初めに述べたように、オタマジャクシ時代の二か月間で九〇％、変態・上陸してからの

●図11——1975年級・1973年級・1972年級の生残率

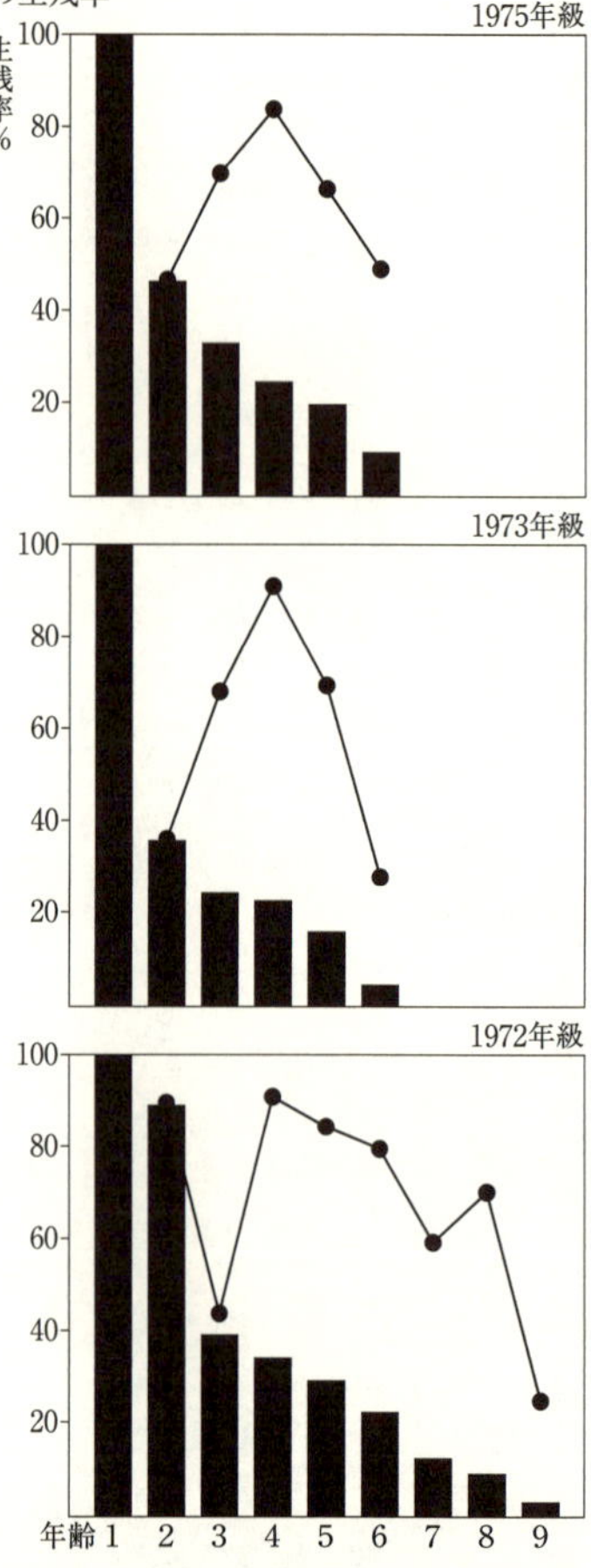

1歳春（1972年級は1.5歳秋）を基準にしてある。折れ線は前年比の生残率の変化。

子ガエル時代に九七％、合わせて〇歳から一歳になるまでに九九・七％が死んでいることを思えば、一〜二歳の生残率四六％は驚異的な高率と言える。

なお、一九七二年級だけは、一〜二歳の生残率が八七％と異常に高くなっている。この理由は、すでに述べたとおり、七三年・七五年級が満一歳の春に標識したグループであるのに対して、この年級は秋一・五歳で標識した集団であることによる。これから逆に、一〜二歳時の死亡は、春から秋の活動期に生じていることがわかる。秋まで生き延び、無事冬眠できたものは、翌年春の満二歳までほとんど死なないということである。

さて、八六匹に減った二歳のヒキガエルは、三歳になっても六〇匹が生き残る。死んだのは二六匹にすぎず、生残率はさらに上昇して七〇％に達する。本丸跡でヒキガエルを襲って食べることのできそうな生き物は、ヤマカガシとシマヘビ、夜行性のフクロウといったところか。たくさんいるカラスは、ヒキガエルが活動する夜は寝ているので、食べることは無理だろう。なかでもヤマカガシは、何の因果かへビを追いかけて院生生活一〇数年、最近やっと就職したある研究者の話によると、カエルを専門に食べているへビだそうで、成長した大きなヒキガエルを丸呑みにしていた例もあるという。生まれたてのヤマカガシを呑み込んだ水族館のヒキガエルは、将来の敵を未然に防止するつもりだったのかも知れない。

満一歳のヒキガエルはまだ六〇〜七〇ミリのかわいい子ガエルであり、ヤマカガシやフクロウにはもちろん、シマヘビに見つかっても食われてしまうだろう。しかも彼らは、成長するために夜な夜なねぐらをはなれて餌を食べに出てこなければならないから、見つかる危険も増大する。二歳の春になると、すでに体長は一〇〇ミリを越えた堂々たるヒキガエルになるから、ヤマカガシならともかく、シマヘビあたりでは手こずることになるだろう。それに、大人に近づいた彼らは、そろそろ「ヒキガエル的性格」を現わし始め、出歩く回数も減ってくる。こうして二歳時の生残率は急に高くなるのである。

三歳になると、オスの大半は成熟して繁殖に参加してくる。メスも一年おくれて四歳の春には卵を産む。人間で言えば二〇歳前後というところか。心はともかくとしても、身のほうは元気の盛りである。それが生残率にも現われていて、六〇匹の三歳のうち五〇匹が生き残って四歳になっている。生残率実に八三%である。

ついでに言うと、七三年級の三〜四歳では、一一匹のうちたった一匹しか減らず、生残率は九一%、七二年級にいたっては、三歳六四匹が四匹減って六〇匹になっただけで、生残率は実に九四%の高率となった。三〜四歳は、ヒキガエルの一生のうちで、最も安定し、最も安全な時期であると言えよう。人間ならバイクや自動車事故が頻発する年齢だが。

この辺で、九歳まで資料のある七二年級に乗りかえることにしよう。

七二年級の四歳は六〇匹、五歳は五〇匹である。一〇匹死んだが生残率は八三%とまだまだ高い。五歳から六歳へかけては、五〇匹から一一匹減って三九匹となり、なお七八％を維持している。体長も平均一二〇ミリを越え、青年期から壮年期にかけて、安定した生活をいとなむヒキガエルの姿が、これらの数字から感じられてくる。

六歳を過ぎると、しかし、その姿にややかげりが見えてくる。六歳の三九匹は七歳になる前にその一六匹を失い、二三匹に減る。率にして五九％とまだ相当高いが、三〜六歳の八〇〜九〇％には及びもつかない。七〜八歳では、二三匹から一六匹と七匹減っただけで、生残率は七〇％と上昇する。

最後に、八歳の一六匹は九歳の四匹へと急減する。この四匹は、調査を止めたあとの一九八二年の繁殖期に一回だけ見に行って見つけたものだから、実際にはもう少し生き残っていたかも知れない。それにしても、生残率二五％は、そろそろ終末期を迎えたことを示しているようである。私が調べた最長命者は満一一歳（その時まだ元気そうだったからもう少し長くなるはずである）だから、八〜九歳は人間の六〇歳、ちょうど今の私くらいの年齢にあたるのだろうか。

ヒキガエルの一歳以降、とくに三〜六歳の生残率の高さは、私の予想をはるかに越えていた。オタマジャクシおよび上陸後の〇歳児の低い生残率（それぞれ一〇％および三％）と、まさに対照的である。少なくとも、一歳以降のヒキガエルの世界は至極平穏無事であって、そんなに激しい生存闘争など存在しないのではあるまいか。

ここでちょっと断わっておくが、この資料は、孤立した、半ば保護されていると言ってもよい金沢城本丸跡でとられたものだから、競争者や捕食者がもっとたくさんいるようなほんとうの自然の状態を示すものではない。おそらくそこでは、生残率はもう少し低くなるだろう。しかし、残念ながら純野生のヒキガエルの生残率はまだ調べられていない。

何年生きるか

小学生に生き物の話をすると、必ず出る質問の一つが、「それは何年生きますか」である。まことにもっともな質問だが、これが困る。ありふれた、よく知られている生き物でも、案外、何年生きるのかわかっていないからである。

ところで、何年生きるか、という質問に対する答には二通りある。一つは、生まれてすぐ死んだ子供も、百歳をはるかに越えて生き続けている人も、みんな含めて平均した平均寿命である。日本人の寿命が世界一になり、男七六歳、女八二歳というのは、この平均寿命のことである。もう一つは、最も長生きした人の年齢で、最高寿命という。ヒキガエルの場合でも、最高寿命なら、調べたかぎりで最も長く生きた個体の年数を言えばいいのだが、平均寿命のほうなら、卵で死んだものから最高生き延びたものまで、すべての年数を足して個体数で割らないと出てこない。

手元の資料で、ちょっと計算してみよう。

一〇万個の卵から出発することにする。孵化率を九〇％とすると、一万個は卵のうちに死んでしまう。孵化は受精後一〇日くらいだから、これらは一〇日生きたことにしよう。オタマジャクシになった九万匹のうち、およそ八万匹は上陸前に死ぬ。上陸まで二か月だから平均三〇日の命である。やっとの思いで上陸した一万匹の子ガエルたちに夏の日差しが容赦なく照りつけ、そのうちの九七〇〇匹を干からびさせる。これらは生後平均一五〇日生きたとする。満一歳以後の生残率は、七五年級と七二年級の資料をあてはめていけばよい。それぞれの年齢の生き残った数を計算すると、一歳三〇〇匹、二歳一三八匹、三歳九七匹、四歳八〇匹、五歳六七匹、六歳五二匹、七歳三一匹、八歳二一匹、九歳五匹、一〇歳一・五匹、一一歳〇・三匹となった。一～二歳の間に死んだ一六二匹は平均一・五年生きたというように仮定して全生存日数を合計し、それを卵の数の一〇万で割ったものが、平均生存日数、つまり平均寿命となる。

我ながら学者というものはヒマだと思うが、計算してみた結果、ヒキガエルの平均寿命はなんと、たったの四三日であった。

これはもちろん、卵・オタマジャクシ・〇歳児の間に大半が死んでしまうためである。かつて日本でも、幼児死亡率が高かった江戸時代や明治初期は、平均寿命が二〇歳台であったと推定されている。

それにしても、平均寿命四三日では、ヒキガエルに気の毒である。そこでつぎに、平均余命を計算してみよう。これは、現在ある年齢の人が平均してあと何年生きるかという年数である。

一九七三年秋、前年生まれの一歳半一七八匹、すなわち七二年級は、出てこなくなった前の年に死んだものとして計算すると、その後平均二・五年生存していることがわかった。つまり、一・五歳のヒキガエルの平均余命は二・五年ということになる。生後の年齢に直すと四歳である。このうち、成熟して繁殖に参加したものは、オス四一匹、メス一五匹であった。この成熟した個体だけについて計算すると、オスの平均余命が五・三年(生後六・八年)、メスは四・二年(生後五・七年)となる。成熟まで達したら、平均してメスで六歳、オスでは七歳まで生きることができるというわけである。

あしかけ九年も調査しながら、ヒキガエルの死体を見つけたのはたった一二匹にすぎなかった。この一二匹の死亡年齢を平均すると、オス六歳、メス五・四歳となり、七二年級の成熟個体の平均寿命にほぼ一致している。見つかった死体はいずれも成熟個体であり、先の計算がそれほどいい加減なものではないことを示していると思うのだが、どうだろうか。

ヒキガエルの世界では、人間とは逆に、メスよりオスのほうが長生きである。それは、つぎの最高寿命でも見られる。

最高寿命

わが本丸跡のヒキガエル集団は、情けないことに、一九七五年を最後にして、連年繁殖に失敗し、一九八一年になるとずいぶん数が減ってしまった。それで、この年をもって組織的な調査は打止めにしたのだが、翌一九八二年の春、私の足は勝手に本丸のＨ池へと向かって行った。そして、そこで大変なものを見つけたのである。

繁殖期はほぼ終わり、池にはおよそ一匹分の卵がさびしく浮かんでいるだけだったが、まだ数匹のオスが未練気に残っていた。私はほとんど習慣的にそのオスどもの体長を測り、指の切れ方を調べた。そして、仰天した。その一匹は３２２１で、もう一匹は４１１２だったからである。二匹とも、調査を始めた一九七三年秋に標識した個体だった。

一〇年前の記録を調べると、３２２１は一九七三年九月三〇日に発見していた。体長は一〇四ミリ。一九七一年生まれの二歳の個体であった可能性が高い。一歳秋の体長は、平均で八九ミリ、最大でも一〇七ミリにすぎないからである。もう一匹の４１１２は一九七三年一〇月一二日発見で、その時すでに一〇九ミリであった。これは間違いなく一九七一年生まれであろう。いずれもオスであったこれら二匹は、一九八二年春現在、満一一歳である。そして一二年目に足を踏み入れていた。遂にヒキガエルの最長寿者を発見した！

不思議なことだが、私たちの身近にいるカエル、たとえばトノサマガエル、アマガエル、カジカガエルなどでも、その最高寿命はわかっていないのである。樹の枝から泡巣をぶらさげることで有名なモリアオガエルについては、私の研究室の院生が数年間克明に調査しており、成熟まで二年、それから少なくとも三年間は繁殖に出てくることを確認している。五年間は生きることがわかったわけである。

カエルなどはアマチュアが研究するものだ、というような風潮が日本の大学にはあり、カエルを専門に研究する学者などこれまでほとんどいなかったことが、その原因の一つである。私だって、健康保持と保険のために調べ始めたのだから、あまり偉そうには言えない。

もう一つは、たとえば一〇年生きる相手なら一〇年調べ続けなければその寿命はわからないという、しごく当然の事実からくる。激しい研究競争に勝ち抜いて出世するためには、そんな暇なことはしておれない。だから、私が見つけた一一歳のヒキガエルの記録は当分破られることのない大記録(?)になりそうである。もっとも、この忙しい世の中で、カエルを一〇年も追っかけていた希代のヒマ人であることの証明にもなりそうだから、あまり大きな声では言わないことにしている。

他のカエルの寿命

ヨーロッパやアメリカの学者はけっこうカエルが好きらしく、いやになるほど研究論文が出ている。いくつか寿命をつきとめた研究もあるので紹介しておこう。

アメリカのターナーは、トノサマガエルの仲間であるラナ・プレティオーサが、オスは九年、メスは一〇〜一二年生きると報告している。ヒキガエルと反対に、メスのほうが長生きするらしい。同じくアメリカのピアソンは、例の砂漠に住むスペードフットが九年以上生きることを確かめた。これらは寿命の長い例である。

ただし、この二つの報告は、いずれも数十ページもある大論文だが、寿命については信用しかねるところがある。なぜなら二つとも、三、四年しか調査していないからである。三、四年の調査で一〇年の寿命をいかに推定したかについては、論文を読んでもよくわからなかった。

ほかに三、四年しか生きないカエルが数種報告されているが、私の調べた範囲では、寿命のわかっているカエルは、世界でせいぜい一〇種くらいしかなく、カエルは三〇〇〇種もいるのだから、世界的にカエルの寿命はまったくわかっていないと言ってもよい。競争に忙しいのは日本の研究者ばかりではないらしい。

飼育下の記録

フラワーという変わったイギリスの学者がいて、動物園や水族館に飼われていた両生類の、飼育下における長寿記録を克明に集めて報告している。一九二五年と一九三六年に出た論文だからかなり古い。やはり古き良き時代だったのだろう。そのなかから、ヒキガエルの仲間の記録だけ紹介しておく。

ブフォ・カラミタ　一六年
ブフォ・アメリカヌス　一〇年
ブフォ・ビリディス　九年
ブフォ・アレナリス　八年
ブフォ・ラクラリス　七年

これをみると、けっこう長生きしているようだが、夏も冬もなく、充分に食物を与えられ、敵からも保護されている飼育下では、自然より長生きするのがふつうなのである。同じこの論文のなかに、ヨーロッパスズガエルの二〇年という記録が載っているが、バニコフという学者が野外で同じカエルを調べたところ、変態後一年で九八％が死亡し、つぎの一年は六〇％生き残ったが、三年目には全滅してしまったそうである。これはちょっと極端な例だとは思うが。

ペンバートンという研究者は、屋外のケージにオオヒキガエル九匹を放し、餌を与えて放し飼いにした。八匹は八〜一四年の間に死んだが、一匹のメスは、一五年一〇か月一三日間生きたという。私以上にヒマな学者もいるらしい。

フラワーの論文には、実はずばぬけて長命の記録が一つ載っている。それは、三六年間生きたヨーロッパヒキガエルの例である。このヒキガエルの話は、ずっと前に別の本で読んだことがあり、ヒキガエルの調査を始める時、ちょっと気にはなっていた。もしこれが事実だったら、ヨーロッパヒキガエルに近縁な日本のヒキガエルも長命のはずであり、寿命をつきとめるには定年を延長してもらわねばならぬからである。しかし、調査を始めると、この記録はどうも怪しいと思うようになった。

このヒキガエルは、ある家庭の庭に住みついていたメスで、その家の人によく慣れ、毎夜、餌をもらうために、庭へおりる階段の下に出てきたという。同じ場所に同じ大きさのヒキガエルが同じ格好ですわっていても、夜毎にちがう個体であったことを調査中いやというほど経験したので、このヒキガエルも途中で入れ替わっていたにちがいないと私は思っている。サルならともかく、ヒキガエルの顔は見分けにくいものである。

性比の問題

繁殖池に集まるヒキガエルは、例外なしにメスよりオスのほうが多いことは、すでにいく度もふれてきた。繁殖池では、産卵後すぐ立ち去ってしまうメスは見つかりにくいという事情がある。その点、私の三つの年齢級の場合は、生後一年目からずっと、繁殖期以外の時期にも調べ続けたのだから、少しは実際に近い性比が得られているはずである。結果はつぎの通りである。

年齢級	標識数	成熟数	オス	メス	性比
一九七二年級	一七八匹	五六	四一	一五	二・七三
一九七三年級	四八匹	一一	八	三	二・六七
一九七五年級	一八八匹	五九	四三	一六	二・六九

三つの年齢級とも、性比は気味が悪いほど一致した。メス一匹に対してオス二・七匹の割合である。

ただし、オスが三年で成熟するのにメスは四年かかるから、三〜四歳の間にメスのいくらかは成熟に達せず死ぬはずである。ところが、この間の死亡率は一〇〜二〇%ときわめて低率だから、補正しても性比は二・五くらいと大して変わらない。

成熟したヒキガエルのオスがメスの二、三倍もいるということは、少し異常な感じがする。その原因は今のところまったくわかっていない。生まれた時から差があるのか、それとも成熟するまでにメスのほうがたくさん死ぬのか、いずれかであろうが、それにしても何のためにこうなっているのだろうか。

移動と定着

調査と標本処理

動物学科の学生だったころ、私がいちばん興味を持った動物は鳥であった。講義を聞いてもよくわからない。そこで抜け出して比叡山に登り、鳥の声を聞く。鳥も何を言っているのかよくわからないが、先生の声よりもきれいなだけましだった。

何度も比叡山に通っているうちに、小鳥の声はだいたい聞き分けられるようになった。先生の声は相変わらず聞き分けられなかったが。そこで、よし、四年生になったら鳥の研究をしよう、と固く決心した。

そのころ、私のいた京都大学生態学研究室では、農林省（現・農林水産省）の試験研究費補助金なるものをもらって、瀬戸内海で藻場の生物を調べていた。この調査に行くと、旅費、宿泊費、食費が支給されるうえに、わずかだが日当までもらえる。鳥の声を聞きに比叡山に登っても、くたびれるだけで何もあたらない。日当と食費の魅力に負けて海の調査に出かけ、とうとう鳥を魚にのりかえてしまった。

もっとも、その海の調査は、わずかな日当ではとてもひき合わぬほどの重労働だった。底引き網、稚魚ネット、プランクトンネットなど、ありとあらゆる採集器具を動員し、魚やエビや貝やタコなど、獲れるかぎり獲りまくり、リュックサックにつめこんで京都まで背負って帰ったものである。

そうは言っても、当時は私もまだ若かった。船に乗って海へ出て生き物を採集するのは、重労働であってもけっこう楽しかった。楽しくなかったのは、山ほど、いや海ほど、採集してきた生物の処理である。くさらないようにホルマリンに漬けてある、わけのわからぬ生き物を仕分け、名前を調べ、胃袋を開けて何を食べているかを確かめる作業は、苦痛以外の何ものでもなかった。強烈なホルマリンのにおいで、私の鼻はそれ以後ほとんど利かなくなってしまった。もっとも、犬とちがって人間は、鼻が利かなくても生活にそれほど支障はない。

さらにその上、おとなしくなってしまった当今の学生とちがって、そのころは学生運動が盛んであった。調査から帰ってくると、学生大会やビラまきやデモが待ちかまえていた。研究の合間をぬすんでデモをやったと言えば聞こえは良いが、運動のすき間をぬって研究していたというほうが、実態に近い。

というわけで、標本は山のごとく集まったがその処理は一向に進まず、遂に標本は干からびてしまった。まさに国費の無駄遣いだが、四人がかりで年間五〇万円くらいの金だったから、数千億を投じて大した成果も上げていない核融合の研究よりは、少しくらい罪は軽いだろう。

この時私は、今後いかなる調査をしようと、絶対に標本は採集しないと、固く決心した。その後二〇年ほど続けた魚の研究でも、その大半は潜って眺めていただけだし、このヒキガエルの調査でも、ただの一匹も殺さなかった。これは別に、自然保護の精神からでも、動物愛護の心からでもない。ひとえに、あの干からびた標本の山の幻影に悩まされ続けているせいである。

もっとも、ただ眺め続けるといっても、記録はとらねばならぬ。あとで調べ直すことのできる標本をとらないのだから、むしろ記録はより詳細にとっておかねばならない。そして、最も大切なことは、現場でとった記録を記憶がうすれないうちに、できればその日のうちに、整理しておくことである。

ヒキガエルのその夜の調査が終わるのは、たいてい夜の一二時過ぎだから、記録の整理はいつも翌日になったが、万事にいい加減な私にしては珍しく、毎日きちんと処理していった。といっても、一枚の調査用紙にこまかく書き込まれたその夜のカエルの位置を、個体別の地図に写しかえるだけのことだったのだが。

ヒキガエルの定住性

個体別につくってあるカエルの地図に前夜の結果を記入しながら、私は心のなかでにんまりしていた。三回も四回も発見されたカエルはみんな、一〇メートルか二〇メートルの範囲内におさまっていたからである。ヒキガエルはそれぞれ決まった場所に住みついていて、あまり大きく移動することはないらしい。

これは、私が研究を始める前から予想していたことである。学生の時、京都御所の庭の池でトノサマガエルに標識をつけて調べたことがある。彼らはいつも同じ場所に定住していた。ましてや動きのにぶいヒキガエルが、本丸中を駆け回っているはずはない。論文の表題ももう決めていた。「ヒキガエルの定住性について」

しかし、ヒキガエルは決まったねぐらを持っているにちがいないという、もう一つの予想は、調査を始めるやいなや、くずれてしまった。ヒキガエルが昼間もぐりこんでいる穴をいくつも見つけたが、つぎの日に行くと、空だったり他の個体がはいっていたりしたからである。

調査を始めて一年ほど経ったころ、いく度も再捕したヒキガエルはすべて、ある範囲に定住していた。そこで一つ論文を書いてしまえばよかったのだが、ぐずぐずしているうちに、突然はるかはなれた場所で見つかるヒキガエルが出てきた。番号の読み違えだろうと思っていたら、移転先でそのあと何回も見つかるのである。どうやらヒキガエルは引っ越しもするらしい。そうなると、どのくらいの率で引っ越すカエルがいるのか、とか、引っ越しのやり方はいく通りあるのか、とか、また余計なことを調べなくてはならない。

研究には潮時というものがある。一年目の資料だけでまとめればよかったものを、つい行き過ぎて、ヒキガエルの定住性のあらましをつかまえるだけでも一〇年近くかかってしまったというわけである。

子ガエルの旅

大人より子供のほうが活発でよく動くことは、何も人間にかぎったことではない。のっそりした親にくらべて、ヒキガエルの子供は大変活発である。と言っても、そこはやはりヒキガエルの子、捕まえるのに苦労するほどではなかった。

動物は常に子孫を増やし分布を広げようとしている。フジツボやカキのように、親が動けない動物は、子供をプランクトンとしてただよわせ、分布を広げる。ヒキガエルの親は、頑張れば動けないわけではない。しかし彼らは頑張ろうとしない。そこでやはり、分布の拡大の責任は子ガエルにかかってくる。上陸したての、一センチにも満たない子ガエルは、すぐ干からびてしまう危険をかえりみず、野を越え山を越えて移動していく。

と、わかったように書いているが、私が実際に見たのは、すでに述べた通り、ある雨の日、金沢城内のコンクリート道路をとびはねている無数の子ガエルだけである。子ガエルの旅を明らかにするためには、何千匹という子ガエルの指を切る作業が待っている。そういう重要な調

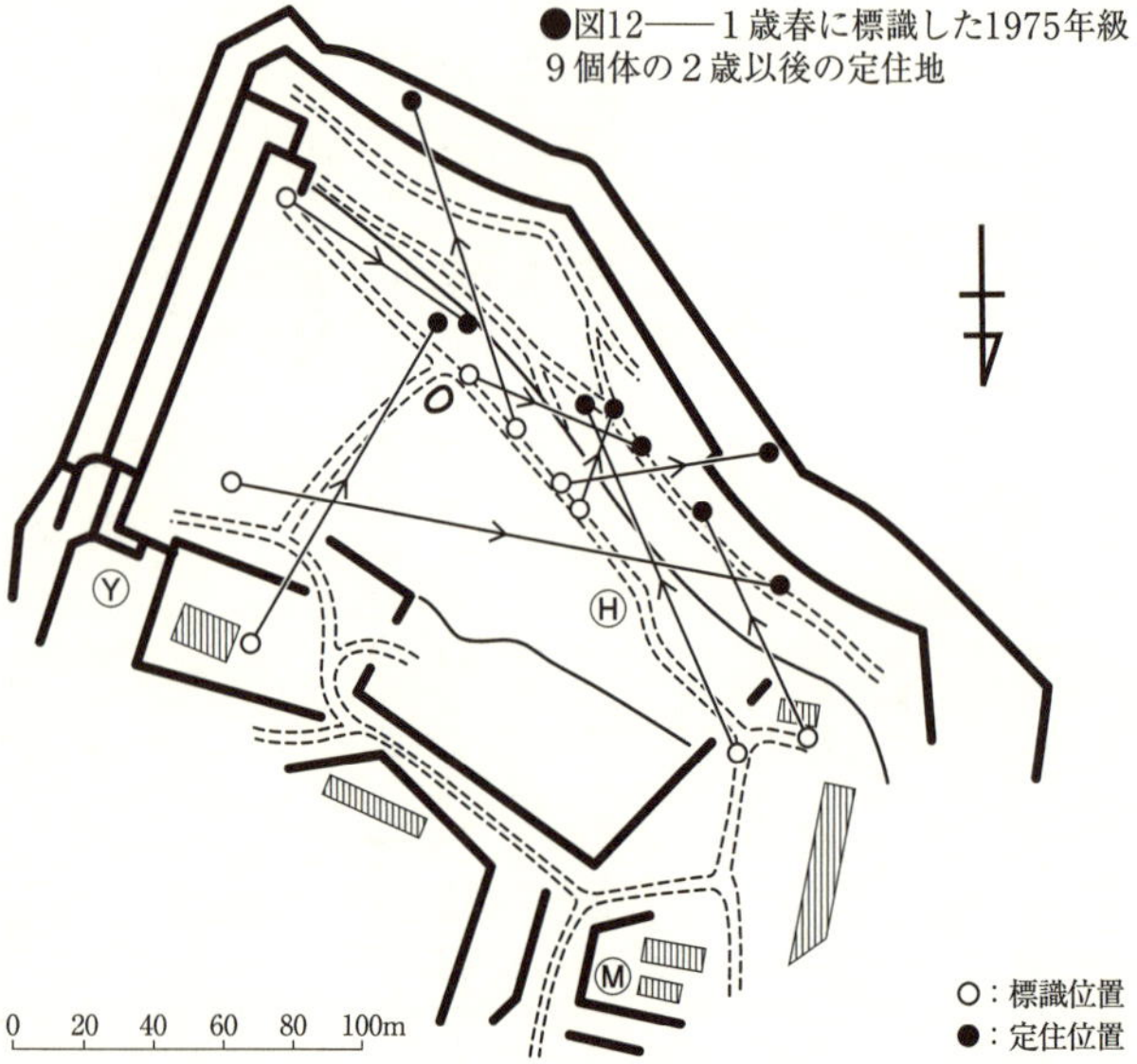

●図12――１歳春に標識した1975年級９個体の２歳以後の定住地

査は、目がよく見えて意欲のある若い研究者に残しておくことにしよう（最近、モリアオガエルを調べている院生が、上陸したての子ガエル三五〇〇匹に標識した。さすが若者！）。

私が何とか捕まえることができたのは、満一歳以後の子ガエルの移動と定着のようすである。一歳の春、子ガエルたちは餌を求めて活動する。何度も再捕した個体の出現場所を調べると、親と同じように比較的せまい場所に限られているものもいたが、ここと思えばまたあちらというように、流れ歩いているものもいた。

一歳から二歳へかけての移動距離は平均五一メートルで、親の二年間にわ

●図13――定住までの過程3例(1975年級)

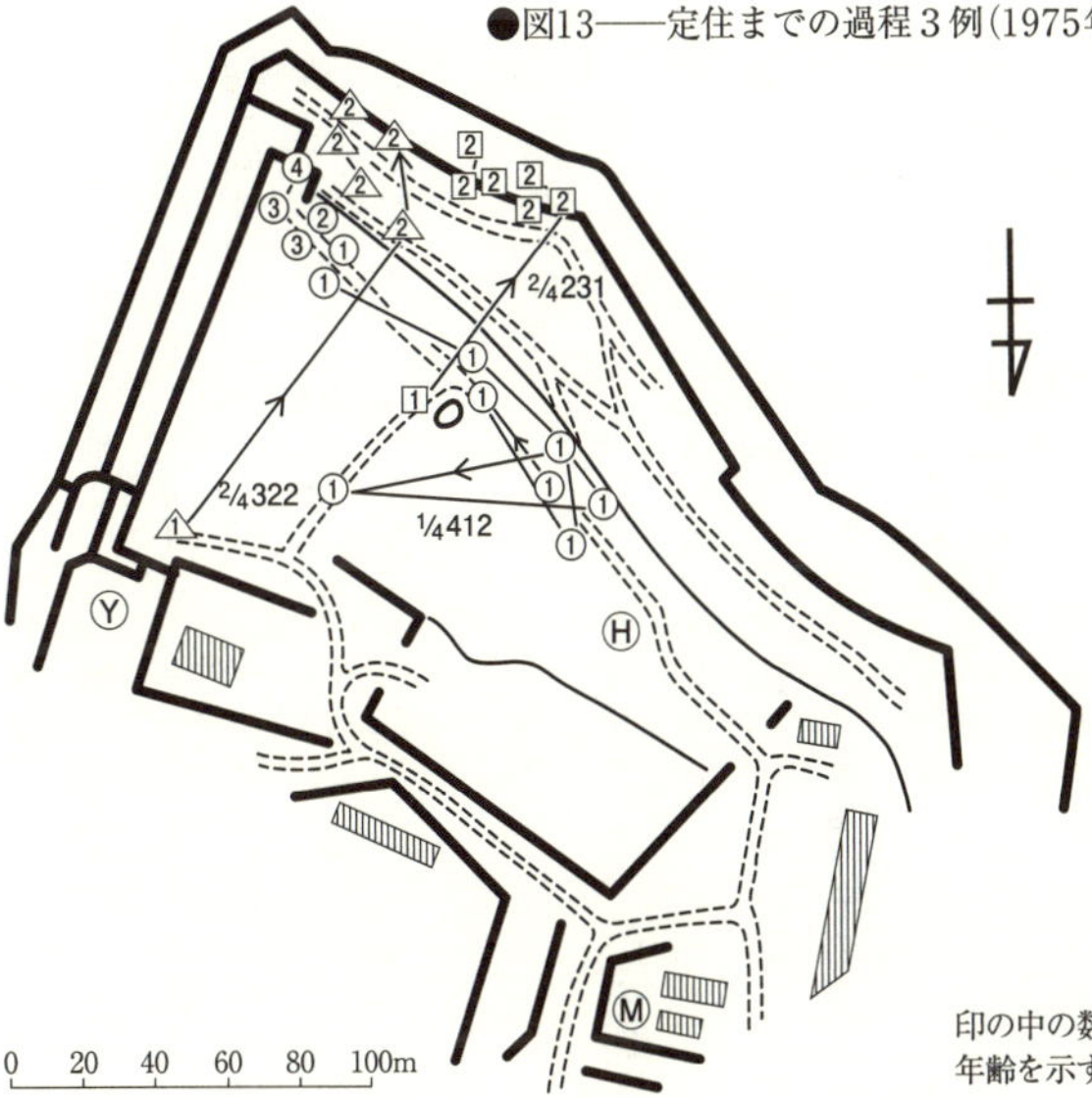

印の中の数字は年齢を示す。

たる移動距離三五メートルより大きかった。そして、親は四〇メートルの範囲内にとどまっているものが全体の七〇%もいたのに、子ガエルでは五四%しかおらず、一〇〇メートル以上移動していたものが一三%もいた。ヒキガエルは、だから、一歳の間におよそ半分が自分の生息地を決めて定住生活にはいるが、残りの半分はまだ安住の地を求めて移動しているわけである。

七五年級の子ガエルのなかから、まだ移動中の一歳個体九匹を選び、一歳春に見つけた位置（白丸）と、のちに定住した生息地（黒丸）とを線で結んで図に示しておく（図12）。いちばん遠くまで行ったものは一七〇メートル、九匹の平均でも八五メートル移動していた。

ついでに、何度も捕まって移動の道筋がはっきりしている三例も、図に示しておく（図13）。

このうちの一匹、¼412は、一歳の春の間本丸のほぼ中央部をおよそ七〇メートルの範囲で動き回り、秋には一〇〇メートルほどはなれた本丸東南隅へ移った。そしてそこが気に入ったらしく定住し、四歳まで住みついていたことを確かめている。

二歳になると、ほとんどすべてのヒキガエルが、自分の終生の住み場所を決めるようである。

親の定住性

二歳になると、ヒキガエルは体長一〇〇ミリを越え、大人の仲間入りをする。つぎに大人のヒキガエルの定住性を見ることにしよう。

ある一匹の動物のふだん動き回っている範囲を行動圏という。そのなかで、もし防衛する範囲があれば、それが「なわばり」である。その個体を見つけた位置を地図上に記入していき、それを線で結ぶと行動圏がわかる。ヒキガエルでも行動圏を調べたかったのだが、調査を通路にかぎったので、線上の動きしかわからない。そこで、いくつか記録した位置のうち最もはなれた二点間の距離で、その行動範囲を示すことにした。

同一年内に三回以上発見された親ガエル一〇二匹の行動範囲は、平均三一メートルになった。

二年にわたって二回以上見つかった一五三匹では平均三六メートル、三年越しの六一匹では四五メートル、そして四～七年にわたる七三匹の結果は四七メートルであった。

同一年内、二年、三年と、行動範囲は次第に拡大していくが、三年と四～七年とが大して変わらないところは面白い。三年くらい調べたら、ヒキガエルの行動範囲はとらえられるということだろう。東京・目黒の自然教育園で行なわれたアズマヒキガエルについての矢野亮氏の調査でも、五年間でおよそ五〇メートルという結果が出ている。

この行動範囲は、ヒキガエルが餌を求めて出歩く範囲であるにちがいない。一匹のヒキガエルの跡を一晩中つけてまわればわかるはずだが、わかっていてもできないことだってある。同じく自然教育園の千羽晋示氏は、小さな発信器を二四匹のアズマヒキガエルに背負わせて、一晩中追っかけられた。結果は、七匹が一〇メートル以下、一二匹が一一～二〇メートル、四匹が二一～三〇メートル、そして一匹だけ七〇メートルも一晩で動いたという。結局二四匹中一九匹（七九％）が二〇メートル内にとどまっていたことになる。いきなり変なものを背負わせられたヒキガエルは相当びっくりしただろうから、ふだんはこれほど動いていないのかも知れない。

変なものをカエルに背負わす趣味は私にはないが、一晩に三回同じコースをまわった終夜調査の記録から、一夜におけるヒキガエルの動いた距離を推定したことはある。といっても、三、四時間おいて二度見つけたヒキガエルの間隔を測っただけなのだが。それによると、一三匹のうち一二匹は二〇メートル以内、一匹だけ四一メートルも動いていた。この場合も、捕まえて足の指をさぐったり体長を測ったりしているから、いつもより大きく動いた可能性はある。

時に大きく動く個体もいるが、大多数のヒキガエルは一晩におよそ二〇メートル程度の距離を動くらしい。ねぐらの位置は決まっていないので、行動圏は夜毎に少しずつずれていくと思われるが、それでもだいたい四五メートル以内におさまっている。というのが、ヒキガエルの定住性と行動範囲についての結論である。

引っ越しするヒキガエル

以上の話はすべて平均である。すべてのカエルが四五メートルの範囲から出ていかないというわけではない。三年越しに資料のある六一匹を例にとると、三メートルしか動いていないものから、一八八メートルも移動しているものまで、そのなかには含まれている。ただし、一〇〇メートル以上動いた個体は数が少なく、全体の七%しかいない。そして、七七%は六〇メートル以内におさまっている。定住しているカエルが大部分だが、わずかの個体は大きく動いているということである。

この大きく動く個体は、毎晩の行動範囲が広いのではなく、生息地を変える、つまり引っ越

●図14——個体の行動範囲
［年によって住み場所を変える５例］

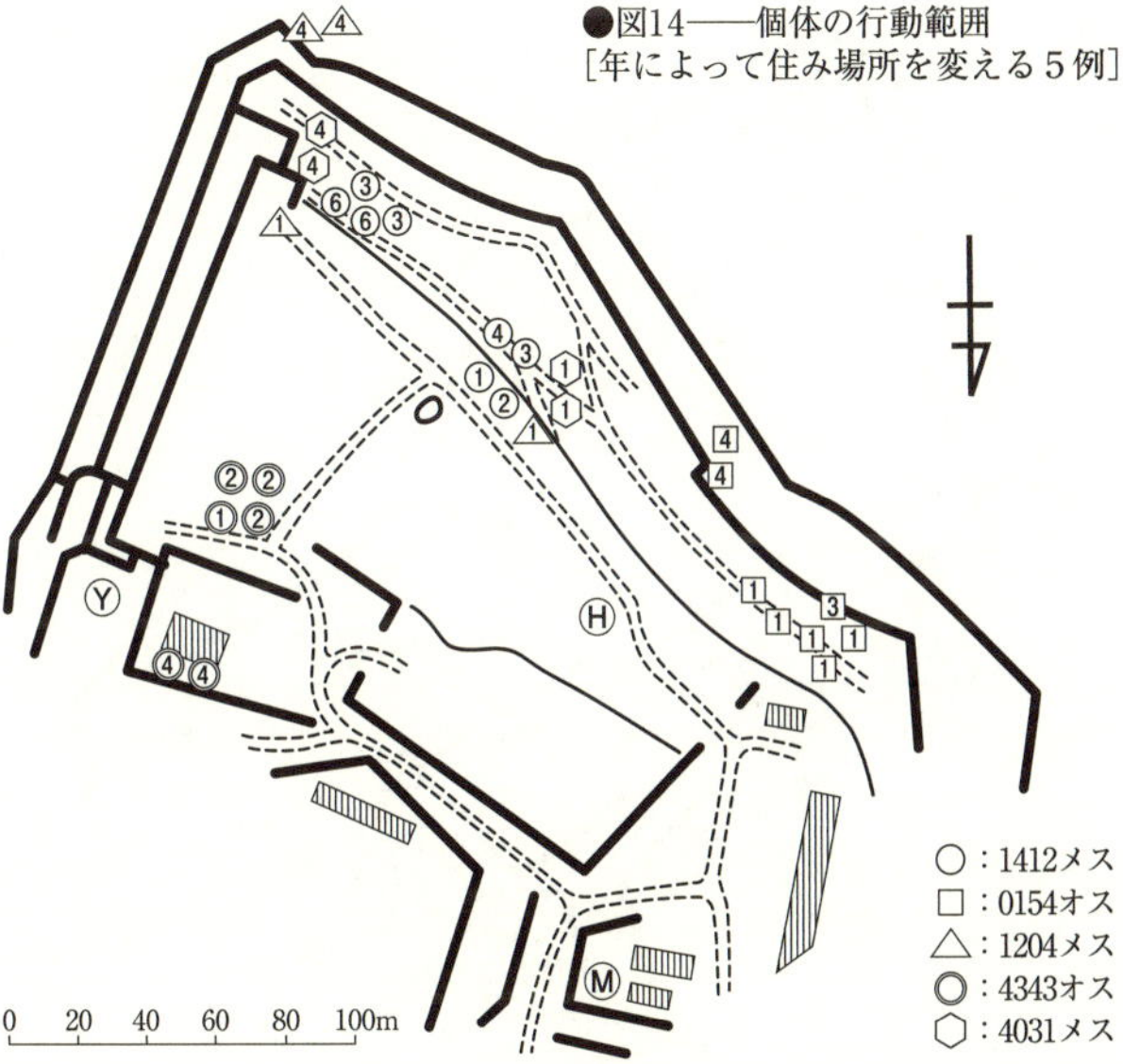

したカエルである。いくつかの例を示しておこう（図14）。ある場所に一、二年定住し、ごくせまい範囲で行動していたカエルが、ある年突然、数十メートル、時には一〇〇メートル以上もはなれた所に、崖や石垣をも越えて移動してしまう。そして、移住先でまた何年か住みつくのである。

　私が調べたなかで、いちばん引っ越し好きのカエルは１４１２というメスであった。彼女は、最初の二年間、本丸の中心部から南側の崖にわたって住んでいたが、三年目に六〇メートルはなれた崖下に居を移した。ところが、四年目の春になると元の場所にもどってきて秋までいたが、ふたたび移住先

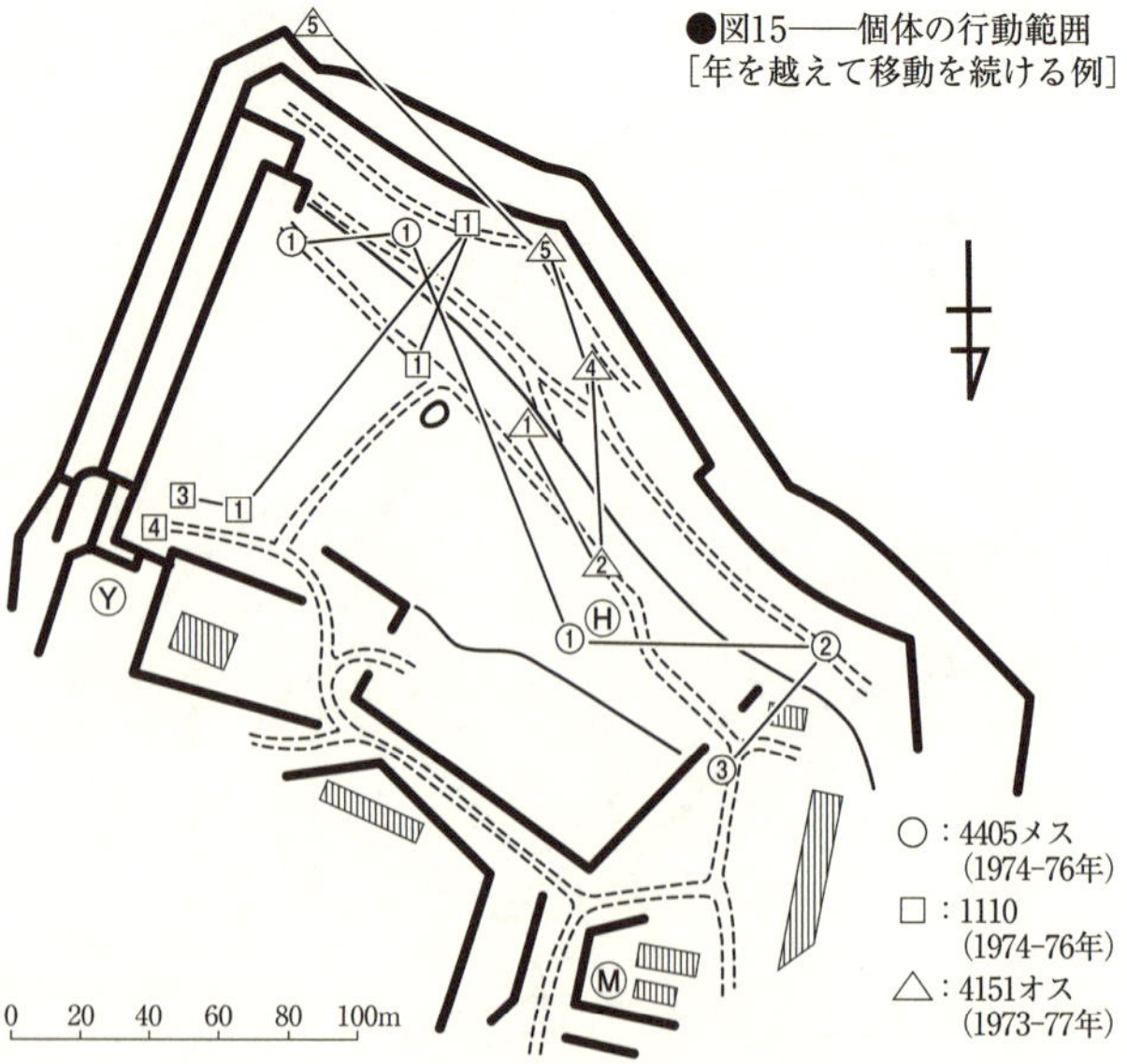

●図15――個体の行動範囲
［年を越えて移動を続ける例］

へ移動し、そこで今度は六年目まで居すわった。生息地を二つ持ち、往き来しているカエルと言えようか。

もっとぜいたくなのが４２３０というオスである。本拠を一つ持ち、五年の間にそれぞれ別の方向へ三回出かけ、しばらく住みついた後また帰ってくるのである。本宅のほかに別荘を三つも持っているカエルである。

住所不定の放浪者

これらのカエルは、時々引っ越しするとはいえ、それぞれの場所ではほかのカエルと同様、せまい範囲から出ることなく定住している。ところが、すでに大人になっているのに、子ガエルのように放浪して歩くカエルも、ごくわずかだが見つかった（図15）。図に示した三匹は、発見後三、四年の間、遂にどこにも定住せず、さして広くもない本丸跡とその周辺を歩き回っていた。

このような変なカエルは少数である。大多数のカエルは定住している。定住がヒキガエルの習性であることに間違いはない。ただ、そうかと言って、放浪して歩く彼ら、彼女らを、「非ヒキガエル」だとは考えないでいただきたい。世間一般の常識から見ると少々変わっているかも知れないが、それなりのユニークさを持ったヒキガエルであることにちがいはないのだから。

生まれた池へもどる？

ヒキガエルは自分が生まれた池へ繁殖にもどってくる、という「神話」がある。しかし、それを確かめた人はだれもいない。上陸したての子ガエルの指を切るという苦行が待っているからである。私も当然そんなことするはずはないから、確実な資料を持っているわけではない。しかし、この神話を疑わせるに足るくらいの間接証拠は手に入れた。そこで、この章のしめくくりとして、この神話をちょっと検討しておくことにしよう。

七二年・七三年・七五年級の、初めて捕まえた位置と、彼らが選んだ繁殖池とを、線で結んだ図を示しておく（図16～18）。

●図16——1.5歳時の位置と選んだ繁殖池（1972年級）

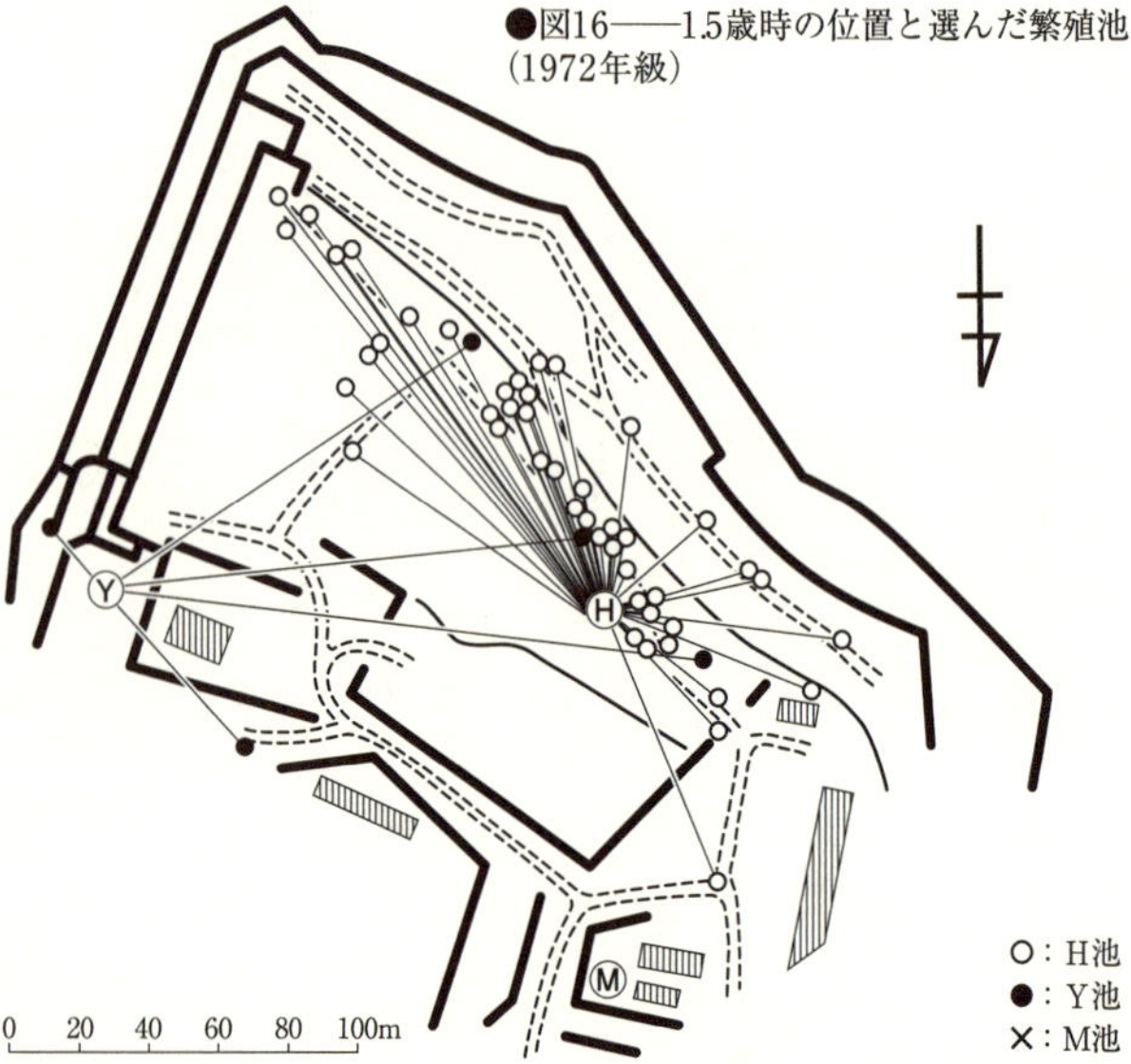

七二年級を見よう（図16）。本丸内で初めて捕まったカエルの大半はやはりH池を繁殖池として選んでいる。しかし、そのH池のすぐ近くで捕まっているのに、はるかはなれたY池を選んでいるカエルが三匹いる。M池を選んだカエルは一匹もいない。M池は一九七五年から一九七六年にかけて繁殖池として成立したらしいので、七二年級が成熟する一九七五年にはまだ成立していなかったのだろう。

つぎに七三年級を見ると（図17）、ほとんどがH池を選び、Y池を選んだのは一匹で、七二年級の場合と同じである。ただ、一匹だけだが、M池を選んだ個体がいる。この年級が生まれた

●図17——１歳時の位置と選んだ繁殖池（1973年級）

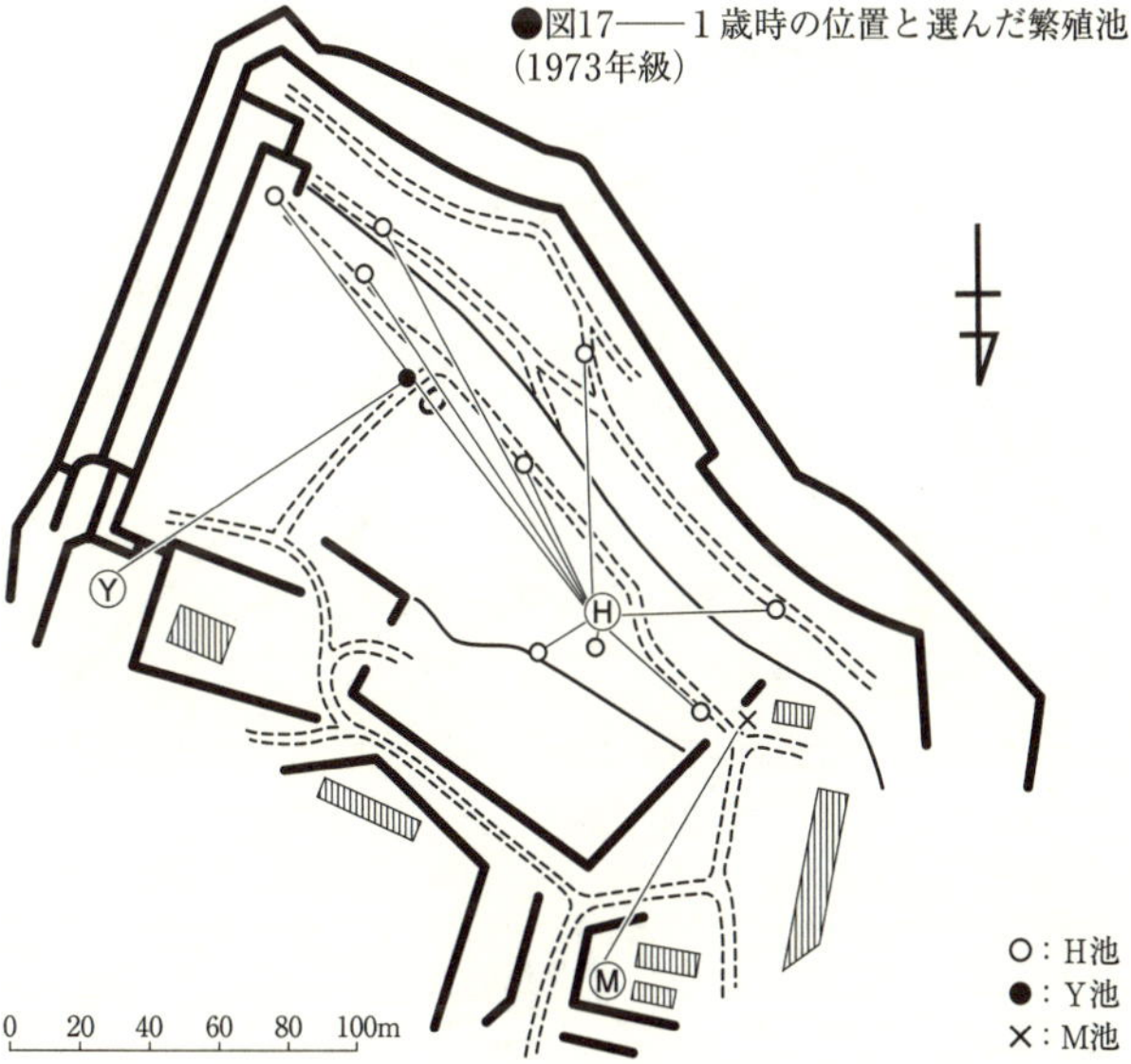

一九七三年にはM池が成立していなかったことは確実だから、この個体はH池もしくはY池の出身者だったことに間違いはない。

　七五年級（図18）では、前の二つの年級と相当異なっていて、一歳春に本丸内にいたカエルは、その居場所とほとんど関係なしにH・Y・Mの三つの池を自由に選んでいるように見える。

　私がM池の調査を始めたのは一九七六年であり、一九七五年にM池で繁殖が行なわれたかどうかは、残念ながら確かめていない。仮にもし行なわれていたとしても、おそらくその年が初めてだっただろうから、そこで生まれたカエルはごく少なかっただろう。しか

●図18——1歳時の位置と選んだ繁殖池（1975年級）

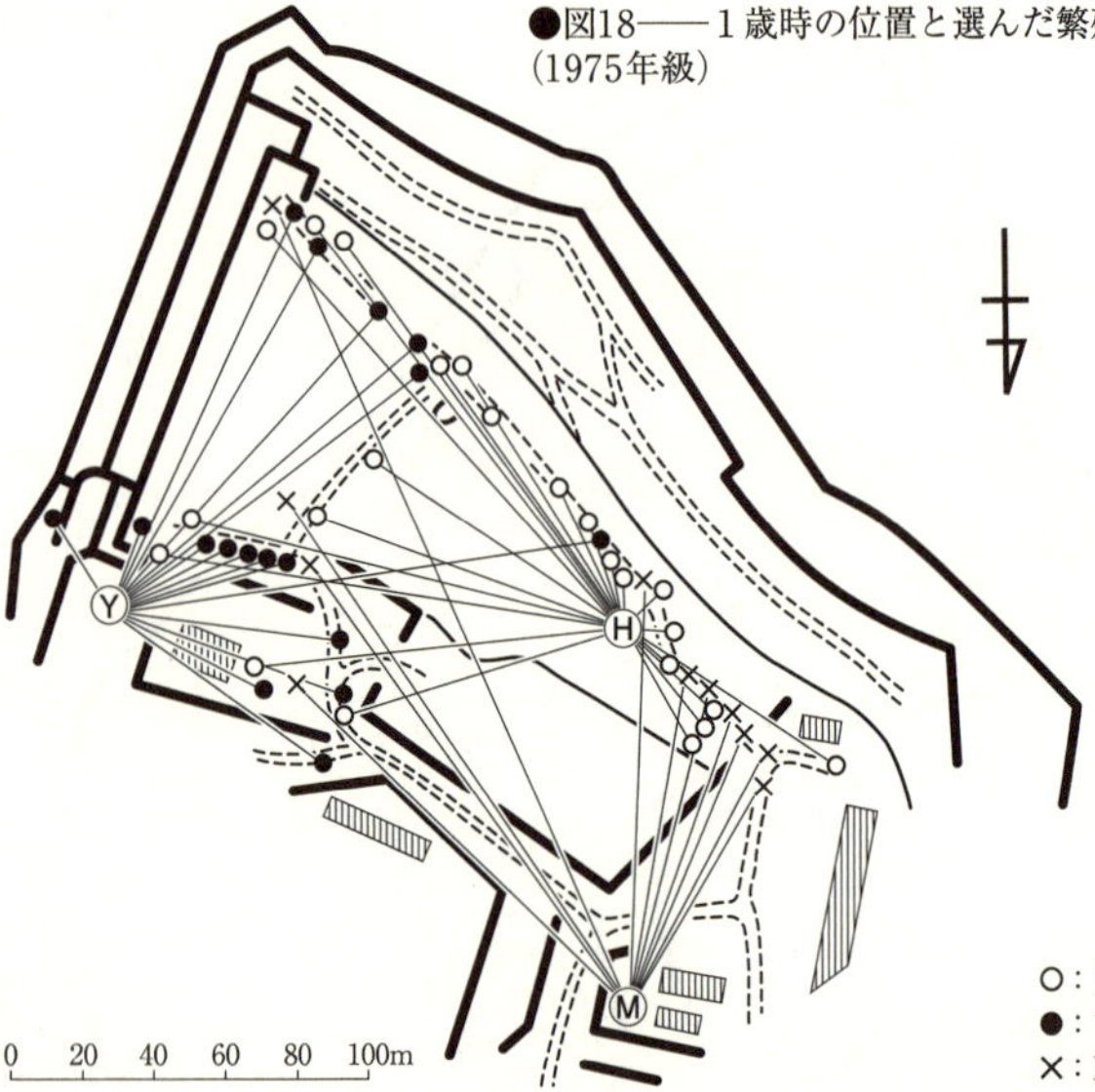

るに、七五年級で成熟に達した五二匹中一一匹、二一％ものカエルが、M池を選んでいるのである。これは、H池もしくはY池生まれのカエルがM池へ繁殖に行ったことを示しているのではなかろうか。

もともと、ヒキガエルのすべてが、厳密に自分の生まれた池を固守するとすれば、たとえばM池のような新しい繁殖池の開拓はできなくなる。すでに成立している繁殖池間の交流も現に存在しているのだから、生まれた池にもどるという神話も、絶対的なものではあり得ない。

ギルという学者は、アメリカ産のある種のイモリを調べ、比較的近接した五つの池で相当な交流のあることを見つけている。四つの池ではほとんど繁殖に失敗しているのに、いずれの池でも繁殖にやってくる親の数は毎年変わらず、結局成功した一つの池の出身者が他の四つの池へもやってきているのだ、と結論している。

ヒキガエルでは、成熟して一度繁殖池を決めるとあまり変えないのがふつうである。しかし、上陸した子ガエルはその年のうちに相当広く分散していき、生まれた池へもどってくる率はそれほど高くないのではないかと、たしかな根拠はないけれど、私は思っている。

大きくなると周辺へ

毎夜決まった調査コースを歩いた後、そんなことはめったになかったが、もし元気が残っていた時は、ふだん行かない周辺部にまで足をのばした。そんな時、どういうわけかよく大きなヒキガエルが見つかるのである。分布の中心にある繁殖池のあたりではお目にかかったことのないような見事なカエルに出会って、たまには遠くまで調べに行く必要があると、その時は思うのだけど、疲れるとすぐ忘れて、足は家路をたどってしまう。

どうやら、ヒキガエルは大きくなると池からはなれ周辺部へ移っていくらしい。そこで、一九七三年秋に見つけた四五七四と、その翌年春の四一一匹を、H池周辺、本丸周辺部、南側斜面上部の三地域にわけて、体長分布をとってみた（図19）。横軸に一〇ミリきざみの体長をと

●図19——H池周辺、本丸周辺部、南側斜面上部で発見した個体の体長組成

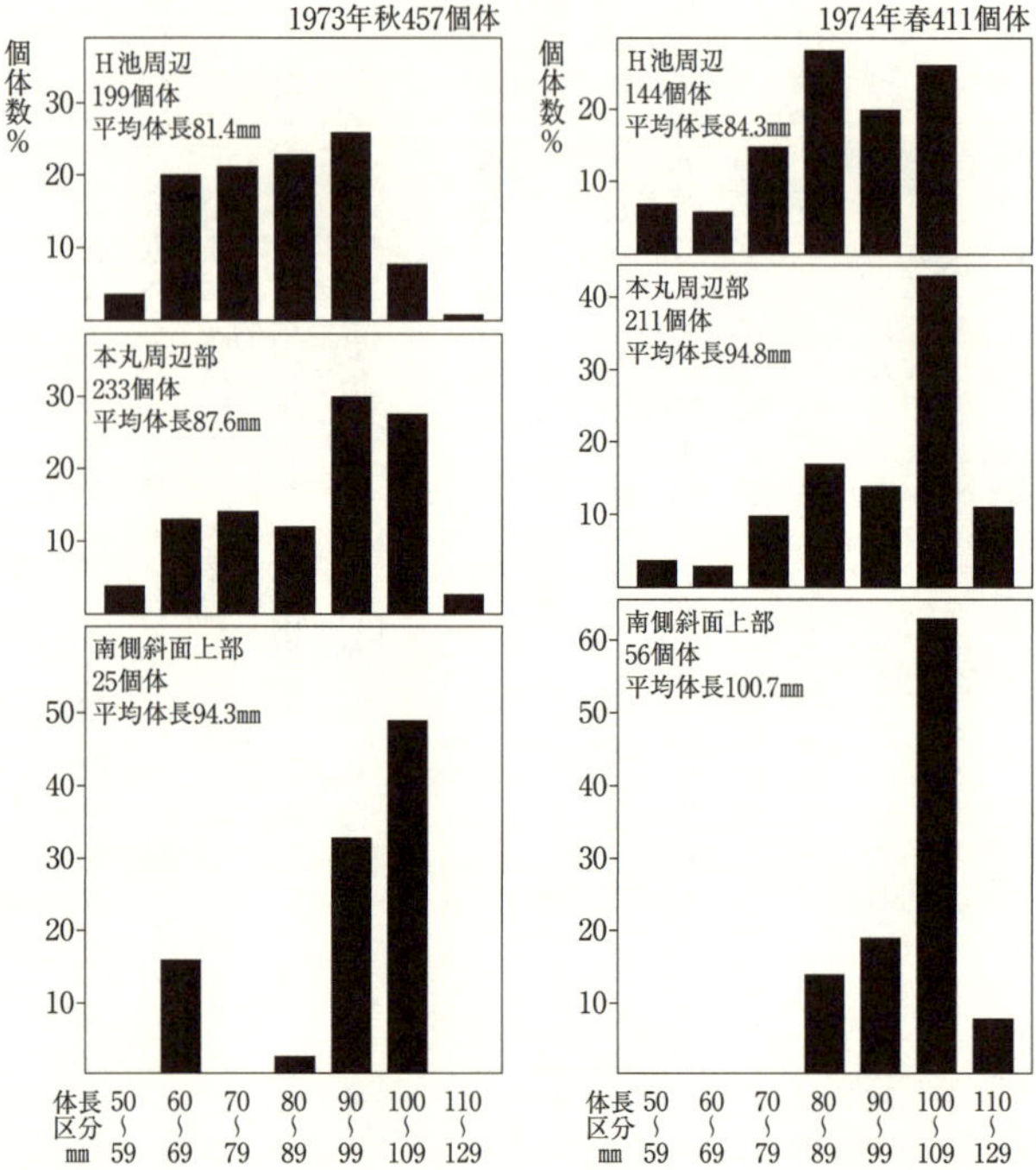

り、それぞれの体長区分に何匹いたかを縦軸にとって示した図である。

一目見てわかることは、体長一〇〇ミリを越す一人前のカエルが、H池周辺にはほとんどおらず（七三年秋には一〇%以下、七四年春でも二〇%強）、逆に、南側斜面では非常に多いということである（七三年秋五〇%弱、七四年春七〇%弱）。本丸周辺部も、南側斜面ほどで

はないが、やはり一〇〇ミリを越える個体がけっこう多かった（七三年秋三〇%、七四年春五〇%強）。平均体長をとっても、南側斜面はH池周辺の個体よりも、一五ミリ程度大きい。これは、池の周りには子ガエル、生息地の周辺には親ガエルと、親子がある程度、住み場所を違えていることを示しているようである。

このことがどんな意味を持っているのかについて、もちろん単なる想像だが、第六章で述べることにしよう。

第五章　本丸ヒキガエル集団の盛衰

ヒキガエルたちへの鎮魂曲《レクイエム》

本丸ヒキガエル集団の絶滅

先日、本丸跡のモリアオガエルを調べている院生が、データを持って私の所に現われた。見ると、ここ三、四年モリアオガエルの卵塊の数が年々増えてきている。樹の枝に泡状の卵をぶらさげるモリアオガエルは、その卵塊を数えることによって、その年に産卵したメスの数を正確に知ることができるのである。

彼は、「先生は本丸のヒキガエルを絶滅させたそうですけど、僕のモリアオガエルは年々増えていますよ」と自慢した。

私は、「研究というものは、調べる相手を全滅させるくらいまでやらんとあかんのや。君はまだ努力が足らん」と反論したが、彼はにやにや笑っただけだった。

言うまでもなく、この勝負は私のほうの分が悪い。いかに研究のためとは言いながら、いや、研究のためだからこそ、自然の生き物をみんな殺してしまっては、あまり寝覚めが良くない。

聞くところによると、ヒキガエルの研究者はたいてい、調査するにつれてカエルがだんだん

●表2——H池、Y池、M池における繁殖参加個体数

	年度	1974	1975*	1976	1977	1978	1979	1980	1981	通算
H池	オス	150	85	165	139	186	88	65	43	456
	メス	35	14	17	34	23	36	19	7	137
	計	185	99	182	173	209	124	84	50	593
Y池	オス	54	6	—	—	46	67	40	17	169
	メス	12	1	—	—	4	18	6	1	41
	計	66	7	—	—	50	85	46	18	210
M池	オス	—	—	5	5	24	19	11	10	52
	メス	—	—	0	0	16	15	10	8	42
	計	—	—	5*	5*	40	34	21	18	94

— 調査せず、＊調査不充分。

減っていくことに悩んでいるらしい。その姿に似合わず、ヒキガエルは繊細な生き物のようである。もっとも、私のように完全に絶滅させた研究者はいないだろう。

ここで、本丸ヒキガエル集団がどのような経過をたどって絶滅していったかを誌《しる》して、彼らへの鎮魂曲《レクイエム》としたい。ヒキガエルのほうはそんなことでは浮かばれまいが。

絶滅の過程

一九七四年から一九八一年まで、H・Y・M池の繁殖に参加したヒキガエルの数を、オスとメスに分けて表に示しておく（表2）。

H池のオスの数は一九七八年まで、年によって多少の増減はあるが、だいたい一五〇匹前後で安定している。一九七五年だけ八五匹と少ないが、これは私が病気をして調査が不充分だったためで、カエルの責任ではない。

一九七九年になると、オスの数は八八匹と一挙に半分近

くにまで減少する。八〇年に六五匹、八一年には四三匹と減っていき、表には出ていないが、八二年に一回だけ見に行った時にはほんの数匹しかいなかった。

メスのほうは、見落とした率が高いせいか変動が大きく、オスの数ほど信用できないが、一九七九年までは三〇〜四〇匹くらいでやはり安定していたようである。ところが、一九八〇年に一九四、一九八一年にはわずか七匹と急激に減少した。一九八二年は一匹分の卵が池に浮かんでいただけだった。オスとのちがいは、急激な減少が、オスでは一九七九年に起こっているのに対して、メスのほうは一年おくれの一九八〇年に生じたことである。

一九八二年以後は調査していない。オスはなお二、三年生き残っていたと思われるが、メスは一九八二年を最後にいなくなった可能性が高い。オスが生き残っていてもメスがいなくなれば、集団はもはや自力での回復は不可能となる。

減少の理由

H池へ繁殖にやってくるオスとメス、つまりH池ヒキガエル集団が、一九七八年から一九七九年を境にして急減していった理由は、実はきわめてはっきりしている。それは、彼ら彼女らが一九七六年からずっと、H池での繁殖に失敗し続けたからである。

一九七五年生まれがH池集団の最後の年齢級となった。そのオスは三歳で繁殖に参加してくる。一九七八年に繁殖にやってきたオスが、最高の一八六匹を記録しているのはそのためである。メスは一年おくれて四歳から繁殖にやってくる。それで、メスのピーク三六匹は一年おくれの一九七九年に記録されている。勘定だけはしっかりと合っている。

オスの一九七九年、メスの一九八〇年以降は、すべて標識のついた個体、つまりすでに私の魔手にかかって指を切り落とされたカエルばかりになった。新しく成熟して繁殖にやってくるものがいなくなり、一方老齢個体はつぎつぎと去っていく。

オスの最高年齢は一一歳だから、一九七五年級は一九八六年まで生き残っている計算にはなるが、その保証はない。メスは最高でも八年しか生きないから、一九八二年に一匹になったことも、計算は合っている。

繁殖失敗の原因

減少の状況および理由は数量的に解明することができた。ところが、その元になった繁殖の失敗がどうして生じたのかと聞かれると、実は答に窮する。それは卵とオタマジャクシの間に起こり、池のなかの調査は大変なのでほとんど調べていないからである。

一九七六年と一九七七年の原因ははっきりしている。二年続けて三月中旬の陽気と降雨にだまされたヒキガエルが、三月下旬に産卵してしまい、その直後襲ってきた寒波によって、卵の間に全部凍死してしまったのである。

一九七八年以降は、四月上旬に産卵し孵化は正常に行なわれた。ところが、何万というオタマジャクシがだんだん少なくなっていき、変態・上陸した子ガエルは哀れなほど少ないか、まったくいない年が続いた。このオタマジャクシの死亡原因がわからないのである。

いろいろ推測は試みた。池の水質が悪化した？　しかし同じ池にいるメダカやモリアオガエルのオタマジャクシは元気に泳いでいた。オタマジャクシの捕食者が急に増えてみんな食べられてしまった？　では何が増えたのか、それらしいものは全然思いつかない。アメリカでイモリの一種を調べたギルは、池に発生したある種のヒルが卵や幼生を食べて全滅させたという例を報告している。H池にもヒルが発生した、ことにしておこうか。

ともかく、一九七八年以降、オタマジャクシが何らかの原因で全滅し新しい世代の補充がなくなって、一九八〇年代に本丸ヒキガエル集団が絶滅した、というのが私の言えるすべてである。

ヒキガエル集団存続の条件

ところで、一九八〇年のH池には、メスが一九匹きている。見逃しを加えると二〇匹以上になるだろう。最も若い一九七五年級でも五歳、平均で体長一二〇ミリの大きなメスばかりである。最高二万卵を一度に産むヒキガエルのことだから、控え目に見積もっても一万五千卵は産んだにちがいない。すると、この年合計三〇万個の卵が産みつけられたことになる。一九七五年級は、根拠はちょっと怪しげだが、二〇万卵から出発したことになっている。すると、一九八〇年級がもし順調に成育したとするならば、少なくとも一九七五年級くらいの成熟個体を生み出したはずである。そして、彼らは一九八三年から、彼女らは一九八四年から、再生産を開始する。

一九八一年のメスは七匹であった。見逃しを少しおまけして、一〇匹であったとしよう。卵は一五万である。条件さえ良ければ、これでも充分一つの年齢級を形成することができそうである。

一九八〇年は、繁殖の失敗が始まった一九七六年から数えて五年目であった。つまりヒキガエルの集団は、連続四年繁殖に失敗しても五年目に成功すれば、その集団を維持できるということになる。六年目でも、条件さえ良ければ何とか維持できよう。ただし、この数字は、成熟個体二〇〇匹の集団の場合であって、もっと小さい集団ならもっと早く消滅するかも知れない。小さい年齢級であった一九七三年級は六歳で消滅している。逆に、数千匹といった大集団ならもうちょっと持ちこたえられるかも知れない。ただし、その期間はメスの寿命に限定されるから、八年以上になることはないだろう。

ヒキガエルの一生のなかで最も危険で、全滅の恐れがあるのは、卵・オタマジャクシ・上陸後秋までの子ガエルの時代である。それは、卵が小さく、オタマジャクシの期間が二か月と短く、そのために上陸時の子ガエルが極端に小さいためである。それは、ヒキガエル類がゆたかな水域をはなれ、乾燥地域へ適応していった代償のようなものであろう。彼らが選ばざるを得ない繁殖池は、いつ干上がるかわからない不安定な小さい池だったのである。

これを補うものとして、ヒキガエルが獲得した性質は、一つは満一歳以後の高い生残率であり、また一つは、繁殖可能年齢がオスで八、九年、メスでも五、六年の長期にわたることであり、そしてただ一回の成功で多数の後継者をつくりだすことのできる卵数の多さであると思われる。

ヒキガエルは、五、六年に一度繁殖を成功させれば、何とか集団を維持していける。これが、彼らが人間による迫害にもめげず、全国的に生息していることの秘密であろう。とはいえ、本丸H池で生じたように、連続七年以上繁殖に失敗すれば、やはり消滅せざるを得ないのである。

自家中毒説

H池ヒキガエル集団の絶滅過程をこのように見ていくと、それはヒキガエル自身の責任であって、調査した私とは関係ないように思える。ところが、実は少し気になる事実もないことはない。

私がH池の繁殖を調査したのは一九七四年から一九八一年までの八年間である。そのうち、繁殖が成功したのは一九七五年一回だけだった。残る七回のうち、一九七六年と一九七七年の両年は三月中に卵を産み寒波で凍死したのだからヒキガエルの責任であるが、その他の五回は少なくともヒキガエルの親に責任はない。そして、ただ一回の成功例は、私が病気でほとんど繁殖調査ができなかった年なのである。

では、なぜ私が繁殖調査を行なうと卵やオタマジャクシが死ぬのだろうか?

繁殖期のオスは、どういうわけかきわめて敏感になっていて、ちょっと触っただけでも全身から大量の毒を吹き出す。特に池にいるオスは敏感で、タモ網ですくっただけで全身が白くなるほど毒を出す。とはいえ調べないわけにはいかないので、体長を測り指の切れ方を見るために足を引っ張る。そして毒まみれのカエルを池のなかに放り込むのである。当然この毒は池の水に溶け込む。それがオタマジャクシを弱らせるのではなかろうか。

ところが、同じ池にいるメダカや水生昆虫は元気に泳いでいて、一向に毒にあたった気配はない。すると、この毒はヒキガエルのオタマジャクシだけに特異的に効くと考えざるを得ない。自分の子供だけを殺す毒を、はたして親たるものが出すのだろうか?

動物の個体数の変動とその原因を調べている個体群生態学で、かつてこんな学説が流行したことがある。動物には、自己の個体数を増えすぎないように調節する機構を持っているものがある。たとえば、トラやクマは大きななわばりを持ち、その地域で生きていくことのできる個体数を制限している。鳥の繁殖期のなわばりも無闇に個体数が増えないようにする機構である。シカはしかし、捕食者に食べてもらうことによって個体数を調節しているので、自己規制はできない。北アメリカのカイバブ高原で、捕食者であるオオカミやピューマを駆除したところ、シカが無制限に増え始め、餌である植物を食いつくし大激減したという、有名な報告がある。

なわばりを持たないヒキガエルも個体数の自己調節機構がなく、大発生して餌を食いつくし共倒れするかも知れない。そんな時には、繁殖池に集まるオスの数も膨大になるだろう。池のなかで押し合いへし合いしているうちに、みんな毒を放出する。すると、その年のオタマジャクシはみんな死んでしまう。こんな状況が二、三年も続くと、新しい成熟個体の供給が止まって個体数は減り始める。すると、繁殖池に集まるオスの数も減り毒の放出も止まる。

ヒキガエルの毒は敵を防ぐためにあると思っていたが、ほんとうは個体数を一定に保つための装置であったのか！

これはかなり説得力のある説である。ヒキガエルの毒を溶かした水でオタマジャクシとメダカを飼い、オタマジャクシは死ぬがメダカは死なないという実験をすれば、実証さえできる。

私は、しかし、この「個体数調節機構」という考えそのものが嫌いなのである。そんなものは、開発途上国の人口増加に怯えた先進国の学者が考え出したものであり、動物がそんな面倒なことをしているとは思えない。なわばりをつくって一匹もしくはつがいが広い面積を占有すれば、あぶれたものは外へ出ていくだろう。すると、その種の分布がより広くなっていく可能性がある。シカもまた、オオカミがいなくなれば喜んで数を増やし、どんどん外へ出ていって分布を広げればよいのである。どこにも出ていけない閉鎖された場所、たとえば小さな島などでしか、大発生・大激減は起こらない。

その上、大激減したからといって、絶滅するわけではない。このことはあまり強調されていないが、資料を見ると、大激減後のシカはだいたい大発生以前の個体数にもどるだけである。植生が回復してくればまた彼らは数を増やしにかかるだろう。ヒキガエルだって増えすぎたら、自分で自分の子供を間引くといった手のこんだことをせずとも、どんどん分布を広げていけばいいのである。

現代私たちが見る自然は、市街地に囲まれた本丸跡のように、人間の手によって分断されこまぎれになった自然である。しかし、彼らが進化してきた自然、人間以前の自然は、どこまでもつながっていたにちがいない。どこまでも続く自然のなかでは、個体数を自己調節するよりも、あぶれたものが新天地を開拓して分布を広げていくほうが、動物にとってははるかに重要なことではなかったろうか。

といって、自分の好き嫌いで自然を解釈してはいけないことくらい、私も心得ている。やはりヒキガエルの毒水でオタマジャクシとメダカを飼育してみなくてはいけないかな、と思っていた時、ヒキガエルが自分で答を出してくれた。ある年、Y池で繁殖調査し、山ほど毒を流しこんだ池で、オタマジャクシはたくましく育ち、大挙して上陸してくれたのである。その代わり、ヒキガエル絶滅の謎は解けないままに残ってしまったのだが。

ヒキガエルはたしかに、一生同じ池で繁殖する傾向の強い、どちらかといえば保守的な生き物である。そのヒキガエルでも、しかし、新しい繁殖池を開発し、分布を広げようとしている。そのことを、それほど証拠があるわけではないけれど、次節で論じてみようと思う。

H池集団の始まり

大ガエルの不在

調査を始めた一九七三年の秋、あとから考えると大変不思議な現象が本丸ヒキガエル集団に生じていたのだが、例によってカエルについての常識に欠けていた私は、当時まったく気がついていなかった。

●図20——1973・74・78年のH池群の体長組成

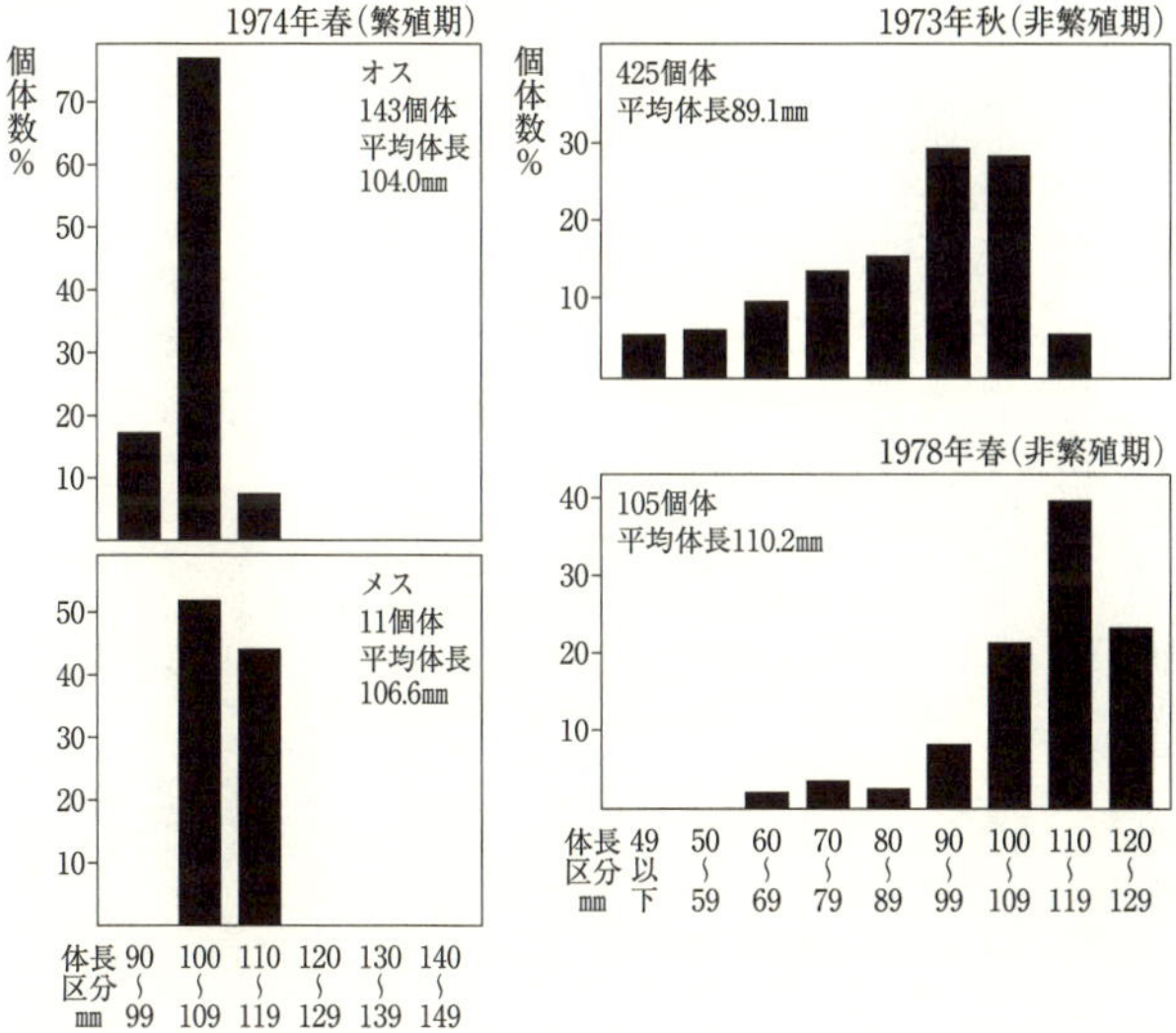

その不思議とは、その時の本丸跡のどこにも大きなヒキガエルがいなかったということである。数年後、体長一二〇ミリを越す老成個体に出会うようになって、ようやくそのことに気がついた。そこでむかしの資料をひっくりかえして調べたのが、図20に示した一九七三年秋の四二五匹と、その五年後の一九七八年春の一〇五匹の体長組成の比較である。

この図は、横軸に一〇ミリきざみの体長をとり、それぞれの体長区分にはいるカエルの数を棒グラフで示したものである。一目でわかるように、一九七三年のカエルの主力は九〇ミリと一〇〇ミリ台なのに、一九七八年になると一一〇ミリ台が主力となり、一二〇ミリを越す大ガエルも数多く出てきている。平均体長も、八九ミリから一一〇ミリまで二一ミリも伸びた。それはいいのだが、一九七三年に一二〇ミリ以上の大ガエルがまったくいないことが問題なのである。

もっとも、この図の調査区域は本丸中心部であり、前章で述べた大ガエルのいる周辺部ははいっていない。そこで、一九七四年の春の繁殖期に集まってきたオスとメスの体長分布も左側の図に入れておいた。繁殖にはH池集団の全成熟個体が集まるから周辺部の個体もきているはずである。にもかかわらず、ここでもオスの大半は一〇〇ミリ台であり、メスでもせいぜい一一〇ミリ台にすぎない。周辺部にも一二〇ミリを越す大きなカエルはいなかったと考えざるをえない。

一九七三年から一九七四年にかけて、H池ヒキガエル集団には、やはり大ガエルはいなかったのである。

親無し子

大ガエルがいないとなぜ困るかと言えば、この時たくさんいた一〇〇ミリ前後の中ガエルの親世代がいない、つまり彼らは「親無し子」になってしまうからである。

一九七五年級の成長記録から、彼らの年齢を推定してみよう。一九七三年秋の主力九〇ミリ台および一〇〇ミリ台のカエルは、二歳秋の平均一〇〇ミリ、最小八二ミリ、最大一一七ミリの範囲にすっぽりおさまる。彼らは当時二歳半であった。ただし、三歳秋でも成長のおくれた個体はまだ一〇〇ミリ台にとどまっているから、三歳半のカエルも少しはいたかも知れない。四歳になると平均で一一八ミリ、最小でも一一〇ミリに達するから、四歳のカエルはいなかったとみてまず間違いはないだろう。一方、九〇ミリ以下のカエルもけっこうたくさんいたが、その年齢は一歳半のはずである。

一九七三年に一歳のカエルは一九七二年生まれ、二歳は一九七一年生まれ、そして三歳は一九七〇年生まれである。四歳以上のカエルがいないということは、一九六九年以前には繁殖していなかったことを証明している。一九七〇年もおそらく繁殖していなかっただろう。そして、一九七一年と一九七二年、突如として大量の子ガエルが出現したということにならざるをえない。その親はどこにいたのだろうか？

メスは最高九歳まで生きる。一九七二年に産卵したメスはすべて九歳であり、その年の間にすべて死に絶えたとする。彼女らが生まれた年は一九六三年で、それ以後一九七〇年までは繁殖失敗がずっと続いてきた、と考えれば、相当無理な仮説だが、何とかつじつまは合う。しかし、オスは最高一一歳まで生きるから、同じ一九六三年に生まれたオスの少しくらいは、一九七三年（一〇歳）まで生き残っていてもよいはずであろう。しかし、そんな大きなオスは一匹もいなかった。

新繁殖池の開拓

この難問の説明の一つは、一九七三年秋のヒキガエルが、小さいくせに年齢だけとっていたと考えることである。水族館にいた時、メジナという魚の子供を予備の水槽に入れたまま忘れてしまい、数年後に気がついたことがある。ほとんど餌ももらえずにいたメジナの子はそれでも何とか生きてはいたのだが、年数からいえば四〇センチくらいの成魚になっているはずなのに、入れた時の数センチからほとんど成長していなかった。魚類・両生類・爬虫類は、鳥類や哺乳類とちがって、成熟してもなお成長を続けるが、同時に餌が足りなければ成長も成熟もしないという芸当もできるのである。

たしかに一九七三年ごろのヒキガエルの数は多かった。といって、成長が止まるほど多かったとも思えない。また、すべての個体がそろって成長が止まることはまずありえない。すでに述べたように、普通の状態でも成長の個体差は必ずあり、しかもそれは相当大きいのである。少しは大ガエルがいてもいいではないか。

もう一つの考えは、一九七三年の一、二歳児が、H池で生まれたのではないというものである。金沢城内には他にもヒキガエルの繁殖池がいくつかある。そこで生まれた子ガエルが本丸まで進出し、成長し、生まれた池にもどらず、H池で繁殖し始めたと考えると、この謎はすべて解ける。

金沢城は明治以来、旧帝国陸軍第九師団が占領していた。敗戦とともに帝国陸軍は城を去ったが、その一五年後、今度は金沢大学が入城してきた。H池はその時つくられた池である。Y池は戦時中に掘られた防水用水の池だからH池より古い。しかし、Y池からやってきたのではない。一九七三年のY池集団の体長組成もH池とまったく同じで、大ガエルはいなかったのである。

今となっては、詳しい事情はわからないのだが、金沢大学が城内へやってきた時、それまであった池が埋められたり、H池のように新しく掘られたり、ヒキガエルにとっての生息条件は大きく変動したらしい。それにともなって、ヒキガエルの繁殖池にも相当な変化が生じたにちがいない。その変動のなかで、一九七〇年代初めごろ、本丸へ子ガエルの大群が進出してきたのがH池集団の始まりと考えられないだろうか。

私が調査を始めてからでもH池集団の一部が移ってM池集団が成立した。この時はどうやら子供ではなく親が移ったらしい。ヒキガエルは自分の池を決めてはいるが、時にはこうして新しい繁殖池を開拓することもある。そして分布を広げ個体数を増やしていく。時には、H池集団のように連続して繁殖に失敗し、消滅してしまうことも起こるが。

太古以来何も変わっていないように見えるヒキガエルの世界も、個々の集団を克明に調べていくと、このように絶えず変動にみまわれていることがわかってくる。

H池集団の盛衰

何匹いるか?

本丸跡はおよそ五万平方メートルの広さがある。一九七三年秋、私はそのうちの二七〇〇平方メートルを調査して、四二五匹のヒキガエルを見つけた。もし、ヒキガエルが本丸跡全体に均等に住んでいるとすれば、調査面積は五%だから二〇倍して、総個体数は八五〇〇匹となる。これが多すぎるか少なすぎるかは、判断のしようがないけれども、感覚的には多すぎるような気がする。

一九七四年春の繁殖に集まったヒキガエルは、オス・メス合わせて一八五匹いた。そのうち、前年秋に指を切っておいた標識個体は四一匹、二二%を占めた。つまり、私は二〇%のカエルに標識をつけていたことになる。そこで標識総個体数四二五匹を五倍すると、およそ二一〇〇匹となる。調査面積から求めた総数の四分の一である。感覚的にはこちらのほうが正しいような気がするが、感覚で決めるわけにはいかない。どちらがより正確かは、さらに別の方法で求めなければならない。

一九七五年級一八八匹は、一九七六年春、彼らが一歳の時に、七三年秋と同じコースを歩いて標識したものである。だから、この年齢級の標識率が五％なら前者が、二〇％なら後者が、正しいということになる。

ヒキガエルは、オスは三歳、メスは四歳で繁殖に初参加する。二歳初参加という例外もいるが、それはこの際無視することにする。七五年級は、だから、一九七八年から一九七九年にかけて繁殖に初参加してくるはずである。一方私は、一九七四年以来、一九七五年に病気でちょっと手を抜いたが、きわめて熱心に繁殖調査を続け、オスもメスも手当たり次第に指を切り落としてきた。したがって、一九七八年ごろには、繁殖に集まるカエルの大半に標識がついており、指の切れていないカエルは初参加である可能性が高い。

一九七八年に繁殖に初めて参加してきたカエルのうち、無標識個体は八一四匹であった。このなかには、標識もれ（ほとんどいないと思われる）、七二年生まれの六歳初参加（メスには可能性がある）、七三年生まれの五歳初参加（七三年級はもともと少ない）、七四年生まれの四歳初参加（七四年級はほとんど成立していなかった）、そして今問題の七五年生まれの三歳初参加が、含まれているはずである。七六年以降はすべて繁殖に失敗しているから、考えなくともよい。

この年、彼らが満一歳の時に標識した七五年級の個体が九匹初参加してきた。もし、標識なしの八一匹がすべて七五年級の標識もれ個体だとすれば、標識率は一〇%である。八一匹の半分が七四年以前の生まれだとすると、標識率は二〇%となる。

一九七九年の繁殖ではどうか。七五年級は満四歳を迎えている。七四年以前に生まれたカエルは一つずつ年齢を重ね、初参加の可能性は少なくなる。特に、大きな年級である一九七二年生まれのカエルはすでに七歳に達しており、この年齢で初参加ということはまずなかろう。七三年・七四年級はそれぞれ六歳と五歳だが、年齢級そのものが小さいから、あまり心配しなくてもいい。すると、七九年の初参加者は、大部分が七五年級とみて大きな間違いはなさそうである。

この年初めて参加した標識つきの七五年級は一〇匹、そして、標識なしの初参加者は四〇匹、ちょうど二〇%であった。

ついでに、七五年級が五歳になった一九八〇年の計算もしておくと、七五年級の標識つき初参加者は三匹、無標識の初参加者は一一匹で、これもまた二一%である。一九八一年、七五年級六歳の年は、それぞれ二匹と五匹であった。標識率二九%である。

やはり、面積割りで出すよりも標識再捕獲法で計算したほうが正しかったようである。本丸五万平方メートルの五%、二七〇〇平方メートルの調査は、全ヒキガエルのおよそ二〇%を捕えていたことになる。カエルもまた私同様、草の生えていない裸地を好んでいるらしい。ちがうところは、私は裸地しか調べなかったが、カエルのほうは好むといっても四倍程度であるということである。

年級構成とその変遷

一九七三年秋に私が捕えた四二五匹は、当時本丸全域にいた二一〇〇匹のヒキガエルの代表である。その体長分布から、彼らが一九七一年、一九七二年、一九七三年生まれの三つの年齢級から成っていたことがわかった。七〇年生まれもいた可能性はあるが、いたとしてもごくわずかなので、ここでは無視する。

この一九七三年秋の体長分布（図20）を分析すると、この三つの年齢級の占める割合が計算できる。もちろん、成長の個体差によって各年齢級の体長は重なってくるから、およその話になるが、この本全体がおよその話だから、ここだけ気にしても始まらない。

私のおよその計算の結果、七一年・七二年・七三年級がそれぞれ、四〇％・五〇％・一〇％を占めることになった。成長とともに個体数は減るはずだから、本来なら七三年級がいちばん多くならないといけないのだが、この数字は七一年・七二年の繁殖、特に七一年の繁殖が、非常に成功したことを示している。当時の全個体数二一〇〇匹をこの比率で割りふると、七一年

●表3——きわめておおまかなH池群の推定個体数

年度	1971年級 年齢	個体数	1972年級 年齢	個体数	1973年級 年齢	個体数	1975年級 年齢	個体数	個体数合計	個体数/100㎡
1971	(0)									
1972	(1)	2500	(0)						2500	5.0
1973春	(2)	1100	(1)	1900	(0)				3000	6.0
1973秋	(2.5)	900	(1.5)	1000	(0.5)	200			2100	4.2
1974	(3)	780	(2)	870	(1)	180			1830	3.7
1975	(4)	700	(3)	370	(2)	60	(0)		1130	2.3
1976	(5)	580	(4)	340	(3)	40	(1)	700	1660	3.3
1977	(6)	450	(5)	280	(4)	35	(2)	320	1085	2.2
1978	(7)	270	(6)	220	(5)	25	(3)	220	735	1.5
1979	(8)	190	(7)	130	(6)	10	(4)	190	520	1.0
1980	(9)	50	(8)	90	(7)	0	(5)	120	260	0.5
1981	(10)	10?	(9)	20	(8)	0	(6)	60	90?	0.2

級約九〇〇〇匹、七二年級約一〇〇〇匹、七三年級約二〇〇匹となる。これが一九七三年秋の本丸ヒキガエル集団の年級構成である。

これを出発点として、その後の変遷をたどってみることにしよう。七二年・七三年級のその後の減少過程はわかっているし（第四章）、七一年級については七二年級の生残率を適用しても大きな間違いは犯さないだろう。

一九七三年以後新しく加わったのは、一九七五年級ただ一つである。一九七六年春に見つけた一八八匹は、発見率二〇％だから、五倍して九四〇匹だが、このうち三五％はY池とM池を繁殖池として選んでいるので、本丸H池集団としてはおよそ七〇〇匹が加わったことになる。

このような手続きで計算した結果を、表にまとめておく（表3）。一九七二年から一九八一年まで、本丸H池に集まるヒキガエル集団は、四つの年齢級から成り、一九七三年春の三〇〇〇匹をピークとして次第に減り始め、一九八一年にはわずか九〇匹になってしまった。その後調査はしていないが、モリアオガエルやシマヘビやタヌキを調べている院生や学生から、本丸跡でヒキガエルを見たという報告はまったくないので、一九九五年現在、絶滅したままになっていることは確かのようである。

ヒキガエル復活大プロジェクト

三年ほど前のことだが、生物学科にはいって生物学の勉強をしているうちに、生物学に対する興味をまったく失ってしまったという四年生が私の所へやってきた。生物学科の教育に問題があって、こういう学生は毎年けっこう現われる。卒業研究に生物学の歴史をやってみたいという。私はそれでよいと思うが、学生の卒業判定は教授の権限であり、教授がそれでいいと言うかどうかは助教授である私にはわからない。そこで、生物学史のほうは私と二人で勉強することにして、卒業の保険のために少しは生物の調査もやってみたらどうかと勧めた。

「だいたい、弟子たるものは師匠の失敗をつぐなう義務がある。私が全滅させた本丸のヒキガエルを、どこかから移植して復活させるという研究はどうや」と提案したら、彼は「そいつは面白そうですね」と乗ってきた。かくてヒキガエル復活大プロジェクトが始まったのである。

私がこんな提案をしたのは、その場の単なる思いつきではなく、その前年につぎのようなことがあったからである。

金沢市の東に連なる卯辰山の奥に大きな池があって、毎年数千匹のヒキガエルが集まって産卵することは前に述べた。久しぶりにこの池を訪れてみると、池の周りの柵に目の細かい網がびっしりと張ってある。そしてその網に、オスを背負ったメスがいくつもひっかかり、池を目の前にして足どめをくっていた。動物に対する愛情に欠けていると、動物愛護家によく叱られている私だが、さすがに一〇年近くつき合ってきたヒキガエルの困っている姿を見ると何とかしてやりたくなり、公園事務所に乗り込んで、所長相手に直談判におよんだ。

所長の言い分はこうである。六月初め、子ガエルがいっせいに上陸した時、車に轢かれてあたり一面生臭いにおいがただよう。市民から苦情が殺到し、何とかカエルを始末したいと思っているのだが、なかなかうまくいかない。

「あれだけネットを張っておいても、やつらはどこかすき間を見つけてはいり込んでくるんですよ。何とかなりませんかね」

こちらを大学教官と知った所長は、私にヒキガエルの駆除法を聞きただし始めた。私もこの池の子ガエル上陸時のすさまじい状況はよく知っている。私はたちまちヒキガエルを裏切って、早々に退散した。

卯辰山のヒキガエルを金沢城本丸に引っ越しさせることは両者の利益であり、ヒキガエルも助かる。早速その学生とともに卯辰山へ出かけた。公園事務所長も大いに援助してくれて、その年の繁殖期に二〇〇匹近いヒキガエルを本丸H池に運ぶことができた。しかし、あとがいけない。このヒキガエルは、ほとんど卵を産むこともなく、どこかへ行ってしまったのである。本丸中を探し回っても見つかるのは一匹か二匹で、ほぼ完全に姿を消してしまった。城から逃げ出したとしか考えられないが、城の周りの道路で轢き殺されていたという報告もなかった。一〇年もつき合ってきたのだが、ヒキガエルの気持はいまだにわからないと言うほかはない。

彼はその後、オタマジャクシを大量にとってきてH池に放流した。ところがこれまた、上陸する前に全滅してしまった。もう私が流させたヒキガエル毒は消えているはずだが、オタマジャクシを食べる幻の「ヒル」は、まだ健在だったらしい。

こうしてヒキガエル復活大プロジェクトは見事に失敗した。しかし、彼は失敗の経過を卒業論文に書いて、卒業には成功した。

余談を一つ。彼は、理学部卒業生にしては珍しく、ある百貨店へ入社試験を受けに行った。面接の時、経済や経営の学生は卒業研究のテーマを聞かれ、その道の先輩である試験官に鋭く突っ込まれ、たじたじとなっていたが、彼は澄ました顔で「ヒキガエルの移植実験をやりました」と答えたら、試験官のほうが絶句したそうである。「ヒキガエル？　移植実験？……それは……面白そうですね」「はあ、面白かったですよ」

こうして彼は就職にも成功した。このプロジェクトは、ヒキガエルを救うことはできなかったが、学生を一人、二度にわたって救ったというわけである。

カエル生き埋め事件

ついでにもう一つ、余談を書いておこう。

一九七八年四月一六日のことである。いつものように調査しながらH池の近くへくると、あたりのようすがすっかり変わっていることに気がついた。池の近くに、かつて本丸の遺構調査のために掘ったトレンチ溝があって、平坦な本丸跡に唯一地形的変化を形づくっていた。それが全部埋められており、新しく入れた土が夜目にも白く浮き上がって見えているのである。

このトレンチ溝は、いつもカエルがたくさん見つかる場所であった。おそらく相当な数のカエルが埋められてしまったにちがいない。溝の深さは一メートル近くあった。穴にはもぐるが、自力で掘る能力はほとんどないヒキガエルは、おそらく脱出できないだろう。すぐ掘り返して救出しなければ、と思ったが、トレンチ溝の総面積はおよそ一〇〇平方メートル、深さ一メートルとして土の量は一〇〇トン以上と、頭のなかで素早く計算して、カエルには気の毒だが、その考えはすぐに捨てた。

翌日、私に連絡することなく埋め立てた責任者、植物園長を問いただしたが、彼は「私は君がそんな研究をやっていたなど、まったく知らなかった」と、責任逃れをするばかりであった。知らなかったはずはないのだが、こちらも深夜ひそかに一人で調査を続けていたのだから、知らないと言い張られてはどうにもならない。また、園長に責任をとってもらってもカエルが生き返ってくるわけでもない。

結局この事件はうやむやのうちに終わってしまったのだが、ただ一つ、救いがあった。それは、植物園の老技官瀬藤さんが、私の話を聞き、あちこち掘り返して三匹のカエルを救出してくれたのである。これだから私は、自分が教官であることを棚に上げて、教官よりも技官や事務官のほうが好きなのである。

このとき埋められたカエルの数は何匹だっただろうか？　実はそれを確かめることができたのである。

ある年に繁殖にやってきたオスは、つぎの年には相当減ってしまう。その減少率は、一九七四年から一九七七年まで、毎年申し合わせたように四〇％前後であった。ところが、埋め立てのあった一九七八年にきたオスにかぎり、つぎの一九七九年に六五％も減ってしまったのである。その差二五％がどうやら埋め立ての犠牲になったカエルらしい。七八年にきたオスは一八六匹、その二五％は四七匹である。これに、瀬藤さんが助けてくれた三匹を加えて、およそ五〇匹というのが、実際に埋められた数となる。

メスのほうの減少率には異常はなかった。この年の繁殖は四月一〇日に終わり、埋め立ては一四日だったから、産卵をすませてすぐ生息地へ帰ったメスには被害はなかったはずである。繁殖がすんでも、未練気に池の近くに残っていたオス五〇匹が埋められてしまったということになる。

わが調査がいかに厳密かつ正確であるかがこれでわかる、とあちこちで言いふらしたら、ある友人が、園長のおかげで調査の正確さが証明されたのだから、論文に謝辞を捧げねばなるまい、と冷やかした。埋め立てで死んだカエルの数は論文に書いたが、謝辞を述べるようなはしたないことはしなかった。

第六章　ヒキガエルの社会

なわばりも順位もない社会

サルとアユ

私の学生時代、京都大学生態学研究室はニホンザルの研究とアユの研究で売り出していた。精悍なリーダー、ジュピターにひきいられた九州・高崎山のニホンザルの群れは、お互いに認識ずみの順位を持ち、見事に統制のとれた社会をつくっている。一方、アユのような低次な脊椎動物でも、川のなかにそれぞれの領地、なわばりを持ち、お互いに不可侵条約を結んで資源を分け合っている。動物にも人間の社会と、同じとは言えないにしても、よく似た社会があり、それを成り立たせている社会制度まで備えている。その中心的な制度が、魚からサルまで脊椎動物のすべてに見られる「なわばり制」と「順位制」である。

こうした動物社会の理論が、単なる言葉だけのお話ではなく、アユやサルの具体的な行動の観察から目の前で創り出されていくのだから、そのころの学生は、私も含めて、大いに刺激を受けた。

でも、単にその後を追っかけて、なわばりや順位を探しにいこうなどと、さもしいことを考えていたわけではない。戦争と敗戦と戦後の混乱を、中学生・高校生で経験してきた私たちの世代は、ぬくぬくと育ってきた最近の学生のように素直ではなかった。どんなにすばらしいことでも、いや、すばらしく見えれば見えるほど、疑いを持つという嫌な性格であった。面白いなと思うとともに、ほんとうに人間みたいな社会が動物にもあるんかいな、と考えながら見ていたのである。

ものごとを疑うと、それを自分で確かめなければならなくなる。海に潜って眺めると、魚はたいてい仲良く群れをつくって泳いでいて、なわばりも順位らしきものもつくってはいなかった。六〇種くらいの魚を観察して、なわばりをつくっていたのはたった二種だけだった。ちょっと拍子抜けしたが、同時に、やはり動物には大した社会はなさそうだ、と安心もした。

海のなかでは仲良く群れをつくっている魚を、せまい水槽のなかに閉じこめるとけんかを始め、その結果なわばりをつくったり、強さの順番ができたりする。でも、海へもどせばまた仲良く群れて泳いでいく。自然の下での魚社会に、なわばり「制」とか順位「制」とかいった社会制度はない、というのが、二〇年ほど海に潜って観察してきた私の結論である。詳しく知りたい方は、私の『磯魚の生態学』（創元新書、一九七一年）なる本を読んでみてほしい。

魚にはなかった順位制も、ニホンザルにはあるらしい。世界に誇る日本のサルグループ、正式には霊長類研究グループによる膨大な研究成果が積み上げられており、それを否定することは少々難しい。それに、魚とちがってサルは大脳が発達しており、そのくらいの社会制度があっても不思議はない。と、私も思っていたのだが、豪雪の加賀・白山に一四年間通い続けて、餌付けされていない純野生のニホンザルの群れを調べた伊沢紘生氏（宮城教育大学）は、順位制とかリーダー制とかいうものは、餌が大量にまとまって置かれる餌付け群で出てくるものにすぎず、野生の群れにははっきりした形では存在しないことをつきとめてしまった（伊沢紘生、『ニホンザルの生態』、どうぶつ社、一九八二年）。

こうして今や、動物社会の理論は再検討の段階にはいっているというわけだが、もともと私は、動物に人間社会の原型を見ようという考え方は好きではない。アユのなわばりを人間の国境と比較したり、サル社会に順位があるからといって人間社会の上下関係を正当化したり、といったお粗末な意見がすぐ出てくるからである。人間は、人間になってから独自の社会をつくったのであって、動物の社会をいくら探しても人間社会の原型など見つかるはずはないと、私は思っている。むしろ、人間社会を動物社会にあてはめようとするから、かえって動物社会を正しくとらえられないのではないだろうか。

私が金沢へくるまで研究していた魚は、海のなかでこそ群れをつくってけんかしないが、水槽に入れるとけんかを始めることが多かった。そこからさまざまな誤解が生じてきている。自然でも、オリのなかでも、いかなる状況におかれても、絶対にけんかしない生き物はいないだろうかと、私はひそかに探していたのである。

けんかを知らないヒキガエル

金沢城本丸跡で初めてヒキガエルに出会った時、なんとなくこの生き物を調べることになりそうだと予感したのは、彼らがまさにけんかと縁のなさそうな顔でのんびりと行動していたことも、理由の一つであった。そして、調査の結果はその期待を裏切らなかった。八年半の間に延べ一万匹以上のヒキガエルを観察したが、彼らはただの一回もけんかしなかったのである。

ヒキガエルは、ある範囲に定住はしているが、昼間もぐり込むねぐらは決めているわけではない。夜出てきてミミズの一匹でも呑み込むことができたら、すぐ手近な穴にはいり寝てしまう。その穴に他のヒキガエルがいてもおかまいなしにはいっていくし、先住者もとがめだてすることもない。餌をとる場所も完全に共有で、二匹がお尻をつき合わせて獲物を待ち受けていることは珍しくなく、時には四、五匹整列していることもある。

住む場所はだいたい決めていても、なわばりなどというせちがらい所有権は主張しない。けんかしないから順位もできない。もちろん、ボスガエルなどいるはずもない。それぞれが他の個体に干渉せず、勝手に生きている。ほぼ完全な個人主義者の集まりが、ヒキガエルの社会なのである。

ない、ということの実証

「ヒキガエルはなわばりも順位も持たない」と言えば、ふつうはそれですむのだけれど、近代的科学者を納得させるにはそれではすまない。証拠を出して証明しなければならないのが、近代科学だからである。ところが、「ある」ということの証明は、一つでも実例を見つければすむから簡単だが、「ない」という証明は難しい。厳密に言えば、日本全土のヒキガエルを過去から現在に至るまですべて調べ上げて、一匹たりともなわばりをつくっていなかったことを確かめなければならない。

もっとも、そこまでしなくても近代的科学者を納得させる手段がある。言葉でなく数字にすれば、案外簡単に信用してくれる。ちょっとやってみよう。

ヒキガエルは平均しておよそ四〇メートルの範囲に定住している。これを正方形と考えると、行動圏は一六〇〇平方メートルである。これがなわばりならお互いに重なり合わないはずだから、本丸総面積五万平方メートルはわずか三一匹で分割所有されていなければならない。すでに述べたように、本丸には最高三〇〇〇匹のヒキガエルがいた。彼らが相互不可侵のなわばりを持っていたとすれば、一匹あたりの広さは一七平方メートル、一辺四メートルの正方形となる。哀れなヒキガエルは四メートルしか歩けない。

本丸内の調査コース上に一〇個の地点をとる。一九七四年春にそれぞれの地点に現われたヒキガエルの数を数えたら、最低でも七匹、最高は三五匹、平均して一六匹となった。これだけの数のヒキガエルが同じ所を共同利用しているのである。彼らは餌をとる場所を一〇日に一度、せいぜい四、五時間しか使わない。そんな所に所有権を設定して防衛義務を負うなどという馬鹿らしい政策は、利口なヒキガエルのとらないところである。

ヒキガエルにかぎらず、ふだんの生活場所では他のカエルもほとんどなわばりは持たない。カエルがなわばりを持つのは、繁殖期のオスにかぎられている。

第三章で詳しく述べておいたように、ヒキガエルは繁殖期のオスでも、見張りに立つ場所はおおむね決めているが、そこでオス同士争うことはない。ここでも二、三匹並んですわっていることもある。そこへメスがくればどうするか。実際に見たわけではないけれど、先に見つけたオスが抱きつくだけで、オス同士のみにくい争いはまず起こらないだろう。出おくれたオスは、すでに抱接したオスにさらに抱きつきにいくことはある。抱接オスはそれを後足で蹴とばすが、オスの数が多ければ七、八匹がからみ合って大きなかたまりになる。でも、いつかはあきらめて自分からはなれていく。繁殖期のオスでも、ヒキガエルはその個人主義を捨てないようである。

ケージで飼っていたヒキガエルが、舌をくり出して相手を打ち、順位をつくったという報告が二、三ある。アメリカのトレイシーも、ブフォ・ボレアスというヒキガエルの一種の子供をケージで飼育していた時、餌を与えると、餌とともに他の個体をも舌で打ったことを観察した。しかし、これは攻撃ではなく単に餌をとるための行動で、順位の確立という意味はないと、トレイシーは書いている。私も、他のカエルを餌と間違えているだけだと思う。

社会の高等と下等

ダーウィンが『種の起原』(一八五九年)を出版して以来、生物は進化の観点から見なければいけないことになった。脊椎動物は、あごのない魚の形で現われ、あごを発明し、ひれを足に変えて上陸して両生類となる。陸上で孵る卵、羊膜卵をつくったのが爬虫類で、そこからさらに、羽毛を持って空へ飛び上がった鳥類と、胎生になった哺乳類が出てくる。これが、脊椎動物の進化の歴史である。そして進化は、原始的で下等な動物から進歩的で高等な動物へと進んできたと考えられたのである。

動物自体が進歩するのなら、当然そのつくる社会も進歩したにちがいない。そして、動物進化の最後に人間が位置しているように、動物社会の最後には人間社会が続いているにちがいない。こうして、人間社会の原型を動物に求める動きが出てくることになる。

ところで、クラゲやミミズは仲間同士けんかしない。これは、けんかできるほど脳が発達していないからである。鳥類や哺乳類は、大脳が発達した「高等」動物だから、集まって群れをつくると、個体の自立性が衝突してけんかが起こる。そのけんかを少なくするために順位ができるというわけである。そして、これこそ「高等」な社会であるという。

ヒキガエルののんびりした社会関係を眺めながら、私はこう考えた。魚やサルはけんかする。そのけんか自体どういう意味があるのだろう。ほとんど無意味ではないか。無意味なけんかをやり、それを少なくして群れを維持・統制するよりも、初めからけんかせずに、しかも集団のまとまりを維持しているヒキガエルの集団のほうが、よほど「高等」な社会ではあるまいか。

ヒキガエルはお互いに何の干渉もせず各自が勝手に生きており、年に一度一〇日間、同じ池に集まって繁殖することによって、その集団を維持している。そして、時には心なき研究者の魔手にかかって消滅することもあるけれども、種としてはたくましく全国に広がり、繁栄を続けているのである。

忙しく無慈悲な現代日本の競争社会に生活しているがために、ややヒキガエル社会に対して好意的になりすぎたかも知れない。平和でのんびりしているところは良いのだが、もしヒキガエルに生まれ変わったら、せっかちな私など、退屈で死にそうになることは間違いない。

繁殖〝戦略〟

大学を支える非常勤職員

文献を読むのがいやだから、あらかじめ何も知らないほうが良いのだと称して始めたヒキガエルの調査も終わりに近づき、そろそろ論文を書いてみようかと思う時期になった。ここまでくると、いくら私でも少しは文献を読まなければならなくなる。

この時初めて知ったのだが、さすがに大学という所は、たちどころに世界中の文献が集められるようになっている。理学部のなかに大学図書館の分室があって、そこに勤務している女性職員に文献リストを渡しておくと、全国の大学や図書館に連絡して、一週間とたたぬうちに山のようにコピーを集めてくれるのである。「この文献、日本にないんですけど、少し時間をいただければ西ドイツ（当時）に頼みますが」と言われてあわてたこともある。西ドイツまでわずらわせて読まねばならぬ論文でもなかったのでご辞退申し上げたが。かつて神戸の水族館にいた時、ちょっとした文献でも手に入れるのにずいぶん苦労した経験のある私は、さすが大学！　と感心した。ただし、少々留保条件をつけておかねばならぬ事情がある。

英語はもちろん、フランス語でもロシア語でもアラビア語でも、世界中からありとあらゆる分野の文献をただちに集めてくれるこの図書室の女性は、大学の正規の職員ではない。非常勤職員といって、身分的には日々雇用の臨時職員なのである。

ところが、臨時といっても、勤務時間も仕事の内容もまったく正規の職員と変わらない。そこで「常勤的非常勤職員」という、言葉自体が矛盾している名前がついている。三〇数年前から始まった国家公務員の定員削減が割り当てられた時、大学および大学教官はそれを返上して文部省にたてつく代わりに、研究教育を守るためにと称して勝手に採用した人たちである。そして、二〇数年もの間そのままの身分で働かせ続けている。

わが金沢大学理学部には、図書室以外にもいく人か非常勤職員がいる。すべて女性である。私たち教官は、図書室の非常勤職員に文献を集めてもらって研究し、学生係の非常勤職員に学生の単位をとどけて教育の義務を果たし、会計係の非常勤職員（最近より労働条件の悪いパート職員に変わった）から給料をもらって生活している。

天下国家の役に立ち、人類を救う研究でもしていれば、そういう人を働かせていても威張っておれるのかも知れないが、ヒキガエルが何をしているかを調べているのではそうもいかない。それで私は、志を同じくする教官や職員とともに、金沢大学へきて以来十年一日のごとく、いや、きてからもう二〇年になるから二十年一日のごとく、教職員組合を通して、非常勤職員を正規の定員として採用せよと言い続けた。数人の定員化には成功したものの、ここ数年はまったく止まってしまった。理学部の教官の多くは、私とちがって立派な研究をしている人ばかりらしく、非常勤職員のことなど知らん顔をしている。論文はたくさん出ているのかも知れないが、論理も倫理も退廃してしまったようである。理学部は利学部、あるいは狸学部と書き換えたほうがよいのかも知れない。

それはともかく、非常勤職員のおかげで、世界中の文献が山のごとく集まってしまった。やむを得ずいやいや読み始めたところ、我ながらうかつだったが、社会生物学なる学問がヒキガエルの世界にも侵入してきていることに、初めて気づいたのであった。

社会生物学

私がヒキガエルの調査と非常勤職員の定員化運動にうつつを抜かしていた一九七五年、アメリカの昆虫学者エドワード・ウィルソンは、『ソシオバイオロジー』なる大著を出版した。日本語への翻訳は、私がヒキガエルを絶滅させ非常勤職員の定員化にだけ専心していた一九八五年と、どういうわけか一〇年もおくれたが、『社会生物学』全五巻・一三四一ページの長大な本として刊行されている（伊藤嘉昭監訳、思索社、一九八三〜八五年）。

原著はアメリカで、ダーウィンの『種の起原』以来の進化論の名著ともてはやされた反面、その考えがヒトラーのファシズムに通じるとまで痛烈に批判もされたのだが、詳しいいきさつを知りたい方は、ゲオルク・ブロイアー『社会生物学論争』（垂水雄二訳、どうぶつ社、一九八八年）を読んでいただきたい。

ここできわめて簡単に説明しておくと、社会生物学（生態学の分野では行動生態学と呼ばれることが多い）では、人間も含めたあらゆる動物の行動が遺伝子に支配されており、その遺伝子は、自分のコピーを最大限に増やすように動物を行動させていると考える。なぜなら、現在の動物が持つ遺伝子は自己の利益だけをはかって行動してきた「利己的遺伝子」だけが自然淘汰に勝ち抜いて残ってきたからであり、たとえば「自己犠牲遺伝子」あるいは「利他的遺伝子」（そんなものがあったとしての話だが）を持つ動物は、子孫を残す暇もなく淘汰されてしまったはずだからである。

この考えにしたがうと、すべての動物の一匹一匹は、自分の遺伝子をいかに有効に増やしていくかに専心していることになる。それを、どういうわけか〝戦略（ストラテジー）〟と呼ぶ。遺伝子を残せるかどうかは、オスならいかに優れたメスをたくさん捕まえることができるか、メスならいかに優れたオスに捕まえてもらえるかにかかっている。これを〝繁殖戦略〟と呼ぶのである。

戦略・方法・方策・策略

生態学の論文のなかにこの言葉を初めて見つけた時、私は何とも言えぬいやな気持になった。中学一、二年生のころ、〝戦略〟爆撃機B二九に連日連夜爆弾や焼夷弾の雨を降らされて逃げまどい、同級生二人をそのために失った経験を持っているからである。戦争に勝ったアメリカの学者なら気楽にストラテジーなる言葉を使えるのかも知れない。戦争を知らない若き日本の生態学者が使うのも無理はないだろう。でも、同じ経験を持っているはずの、私と同年輩の生態学者までが恥ずかしげもなくこの言葉を使っているのを知って、そのあまりの無神経ぶりに気分が悪くなった。

私は戦略という言葉に出会う度に、それを方法という言葉で置き換えて読んでみた。それで何の不都合も感じなかったのである。方法ですむことを、なぜわざわざ戦略などという血なまぐさい言葉にしなければならないのか、私にはわからない。もっとも、一つだけ置き換えられなかった場合があった。それは「死亡戦略」という言葉である。死亡方法と言い換えたら自殺の仕方になってしまう。しかし、死亡戦略という概念は、ここで自分が死んだほうが、すでに子孫に移っている自分の遺伝子がより多く残っていくといった場合を指すらしく、それなら自殺の仕方でよいのかも知れない。

戦略のあまりの洪水にうんざりした私は、ヒキガエルの連作論文の一つにこう書いた。

「繁殖〝戦略〟の名で呼ばれている行動それ自体は、それぞれ大変興味深い現象である。ただしそれらは、それぞれの種が確立してきた繁殖〝方法〟であって、他種との〝戦争〟に勝ち残るために立案された〝戦略〟ではないだろう。もし、そのような目的論的意味を含ませたいのなら、たとえば〝方策〟という言葉が適当である。タヌキとキツネに限って〝策略〟という言葉を使うのも面白いかも知れない。平和主義者の生態学者が、戦略という血なまぐさい言葉を使う必要はどこにもないと思う」（「ニホンヒキガエルの自然誌的研究XI　年令・大きさと♀の抱接成功率」、日本生態学会誌、三六巻、八七〜九二ページ、一九八六年）

どんな学会にもレフェリーという名の検閲官がいて、論文の間違いを正そうと手ぐすねをひいている。客観的で神聖であるべき科学論文に、こんな感情むき出しの文章を書くべきでないことくらい私だって心得ているし、レフェリーに叱られたら取り消すつもりでいた（？）のだが、見落としたのか、悪名高い私に注文をつけたら後がうるさいと思ったのか、それとも、私の見解に全面的に賛同したのか、理由は知らないが、まったく注文はつかず、結果としてそのまま印刷されてしまった。私の耳には直接聞こえてはこないが、これを読んだ生態学者の反応は、ニヤリとするか烈火のごとく怒るか、見事に二分されたらしい。もっとも、反省してくれた生態学者はほとんどいなかったようで、その後も〝戦略〟は生態学界を横行している。

要するに私の提案は完全に無視されたことになる。まあ、「タヌキとキツネには策略を使おう」などという提案は無視する以外に道はないと、私も思うが。

ヒキガエルの繁殖〝戦略〟

ヒキガエルの話にもどろう。

繁殖期にオスがなわばりをつくるウシガエルやトノサマガエルは、早くから社会生物学の格好の題材になってきた。しかし、一切のけんかに縁のないヒキガエルはさすがの社会生物学も歯が立たず、戦略論議から、幸いにも、見放されていた。ところが、すでにちょっと紹介したデイヴィスとハリディの、大オスが小オスからメスを奪い取るという発見から、がぜん血なまぐさい戦略論議が平和なヒキガエルの世界にも侵入してきたというわけである。

彼らは、実験室で体長の差が一〇ミリある二匹のオスを一匹のメスと同居させるという実験をくり返した。四一回の実験の結果はつぎの通りである。まず最初にメスに抱接したのは、大オス一八匹、小オス二三匹で、小オスのほうが率が高かった。ところがしばらく見ていると、大オスは頭突き、足蹴り、その他あらゆる方法を駆使して抱接している小オスを攻撃し、二三匹の抱接小オス中一〇匹をメスからひきはがして入れ替わった。一方、最初から抱接していた大オス一八匹はすべてその地位を守った。結局、最後に笑ったものは大オス二八匹、小オス一三匹となる。つまり、大オスがより多くのメスを手にいれたのである。

その後彼らは、自然のなかでも大オスによる乗りかわりがあることを確かめ、抱接した小オスの五分の二は大オスにメスを奪われると書いている。こうしてヒキガエルでも大きくて強いオスは自分の遺伝子をよりたくさん残すことができる、つまり繁殖戦略を持っている、というわけである。

こういう論文が出るとすぐさま追随者が現われる。ヒキガエルの仲間は二〇〇種もいるから、材料にはこと欠かない。ただし、追随者は追随者であって、その調べ方は相当にずさんである。ヒキガエルの繁殖池に出かけていき、抱接しているオスとあぶれている単独オスをたくさん捕まえてきて体長を測り、両者の体長に差があるかどうか数学的に検定する。抱接オスの体長が単独オスの体長より有意に大きければ繁殖戦略があり、有意の差がなければ、あるとは言えない、と、ただそれだけの研究である。何人かの研究者が何種ものヒキガエルについて調べているが、ある種にはありある種にはないという、あるのかないのかさっぱりわからない結果が出ていた。

平和主義の日本産ヒキガエル

あまり自慢できた話ではないが、調査中私は、ヒキガエルに関して繁殖戦略論議が話題になっていることなど全然知らなかった。論文をまとめる段階で知ったのだが、わが日本のヒキガ

●表4——年齢別繁殖参加オスのうち、抱接不成功・抱接成功・放精成功の数および率

年齢	2	3	4	5	6	7	8	9	10
参加数	70	84	110	96	102	57	40	22	7
不成功数	55	72	90	81	86	42	33	19	6
率(%)	78.6	85.7	81.8	84.4	84.3	73.7	82.5	86.4	85.7
抱接成功数	10	11	15	14	15	13	5	1	1
率(%)	14.3	13.1	13.6	14.6	14.7	22.8	12.5	4.5	14.3
放精成功数	5	1	5	1	1	2	2	2	0
率(%)	7.1	1.2	4.6	1.0	1.0	3.5	5.0	9.1	0.0
抱接・放精合計	15	12	20	15	16	15	7	3	1
率(%)	21.4	14.3	18.2	15.6	15.7	26.3	17.5	13.6	14.3

エルはそんなはしたないことはしていないはずだと確信していた。そこで、繁殖期に測ったオスの体長の資料を取り出し、さまざまな角度から検討してみた。私の研究は九年という年季がはいっているから、資料だけは山ほどある。

まず年齢別にみよう（表4）。

抱接に成功した率が最も高いのは七歳のオスで、五七匹中一五匹、二六%である。つぎは二歳のオスで、七〇匹中一五匹の二一%、以下、四歳一八%、八歳一八%と続き、三歳、五歳、六歳、九歳、一〇歳は一四〜一六%と低かった。

七歳といえばヒキガエルでは初老期にあたり、やや峠を越えた感はあるが、大きさからいえば相当なものである。ところが、第二位の二歳は、ふつう三歳で繁殖に初参加するヒキガエルでは早熟の個体であり、元気かも知れないが、いちばん小さい。肝心の、若くて元気で身体も大きい青年から壮年にかけての三歳、五歳、六歳が軒並み成績がよく

ない。

ただし、抱接に成功した率で戦略を否定するわけにはいかない。デイヴィスらの実験でも、最初に抱接したのは小オスのほうが多かった。だから、産卵まで確かめておく必要がある。ところが、山ほどあるはずの資料が、ここではたった一九例しかなかった。なぜかといえば、産卵中のヒキガエルをひきはがして体長を測るといった無慈悲なことはしなかったからである。この一九例も、抱接個体を測ったのではなく、その前後、同じオスが単独でいた時に測った記録で代用したものである。この話をある蛙学者にしたら「そんなことでどうする。僕ならひきはがしてでも測る」と叱られた。ヒキガエルの繁殖戦略を証明して名を挙げたいとでも思っていたら無慈悲にもなれただろうが、あいにく私にはそんな気はなかった。

この少ない例も一応検討しておこう。抱接・産卵まで達したオスのうち、最も率が高かったものは九歳で九％、二位は二歳の七％、そして三〜八歳は一〜五％と低く、年寄りと青二才とが一、二位を占めるという皮肉な結果になってしまった。ただし、例数が少ないから、これだけでは何とも言うわけにいかない。

オス同士の争いでものを言うのは、年齢よりも体力かも知れない。今度は年齢を無視して体長だけでくらべてみよう。

H池八回の繁殖に現われた八五〇匹のオスのうち、抱接成功オス一四六匹と不成功オス七〇四匹の体長平均は、それぞれ一一一・五ミリと一一一・一ミリで、その差はたった〇・四ミリ。どう計算しても有意の差とは言えそうにない。抱接成功オスのなかで産卵まで確かめることのできたオスは二五匹、その体長平均は一一三・四ミリと、たしかに抱接成功オスを上回ってはいる。でもその差はたった一・九ミリで、とてもメスを奪うことはできそうにない。

例数は少ないけれども、Y池では、抱接成功オスの一〇八・五ミリ、産卵成功オスの一〇九・〇ミリに対して、あぶれたオスが一一〇・七ミリと、逆転していた。

M池でも、産卵成功オスのほうが単なる抱接オスよりも一ミリほど小さかった。要するに私の資料からは、積極的な〝戦略〟の存在は証明できず、たまたまうまくメスに出会えたオスが抱接しそのまま産卵まで進むということにしかならなかった。

この問題をはっきりさせようと思えば、抱接したつがいをしつこく追跡して、オスの乗りかわりが起きるかどうか確かめる以外にない。そんな厄介なことを私がするはずはないが、同じ夜もしくはつぎの夜、オスが入れ替わっていたケースを、実は四例見つけている。一例はオスの体長の記録がない。残る三例中二例は、一〇二ミリのオスが一〇九ミリのオスに、一二二ミリのオスが一三三ミリのオスに、それぞれ入れ替わっていて、明らかに大オスが小オスからメスを奪っていた。ところが、第三の例は、一一二ミリのオスが一一五ミリのオスからメスを奪っていたのである。

抱接つがいを見つけた時、体長は測らないが指の番号を調べるために、必死で抱きついているオスの前足をひきはがさなければならない。ごくまれだが（抱接調査数三四四例中一二例、三・五％）邪魔されてふてくされ、手足を縮めて固まってしまって二度と抱接しなかったオスがいた。上に述べた乗りかわりの例は、攻撃の結果ではなく、私にいじくられて自ら放棄したメスを他のオスが捕まえた可能性が高い。

日本のヒキガエルのオスの間には、「優秀な」オスが「優秀でない」オスをしりぞけるといった競争はない。あるいは、あってもごくわずかであるらしい。動物はすべて、生まれ、食べ、成長し、成熟し、そして子孫を残すべく、全力をあげて生活している。その努力が嵩じて他のオスをしりぞけメスを独占するオスが現われても別にいけないことはない。それは、それぞれの種のやり方である。ヒキガエルはしかし、そんなやり方はとっていない。そんなせちがらいことをしなくても、のんびり暮らしながらちゃっかりと子孫を残しているだけなのである。

繁殖の時オス同士が争うことは、さまざまな種で見られる。それを調べることはもちろんけっこうなことである。問題は、それに繁殖戦略などと仰々しい名前をつけ、それこそが進化の唯一の原理であるなどと称して、すべての動物を縛ろうとする考え方なのである。

人間社会に適用すれば？

兄弟何人かで歩いていると、向こうに怪物が現われた。いちばん先に気がついた「私」が警告を発したら兄弟は逃げられるが「私」は食われる。黙って逃げれば「私」だけ助かる。「私」はどうするのが正しいのだろうか？

自分が犠牲になって兄弟を助ける、というのが道徳的正答である。自分だけ先に逃げたいというのが本音である。こうして人間は悩み始め、倫理学なる学問が発達することになる。でも、もう悩まなくてもよい。社会生物学がこの難問に「科学的」正答を用意したからである。

生物は、「自分」の遺伝子をいかにたくさん残すかというただ一点に関してしのぎをけずって競争し、その結果進化してきた。最も利己的にふるまった遺伝子が、結果として現在生き残ってきているのである。自己を犠牲にし利他的にふるまう遺伝子など、たちまち淘汰されて生き延びるはずはないではないか。人間も生物の一員であり、その法則の支配をまぬかれない。すなわち、「自分」の遺伝子をできるだけたくさん後世に伝えることこそ、生物と人間を通じた理想であり倫理なのである。時代や状況によって変わることのない万古不易の絶対的「倫理」は確立された。先の難問もこれを適用すれば正解が得られる。

といって、それならどんな時でも自分が黙って逃げるのが正しいなどと、早合点しないでいただきたい。そこに社会生物学の生物学たる所以が見られるのである。

兄弟とは同じ両親から生まれた子供である。当たり前の話だが。だから兄弟は私と同じ遺伝子を共有している。といって、まったく同じではない。平均すると、私を一とすれば兄弟は二分の一を持っている。

私が一人の兄弟と歩いていたとしよう。私が逃げて兄弟が食われた場合、私の遺伝子一が残る。逆の場合は、兄弟のなかにある私の遺伝子二分の一しか残らない。私の遺伝子をできるだけたくさん残すという「倫理」から言えば、私が逃げて兄弟を犠牲に供するのが「正しい」のである。

今度は三人の兄弟と歩いていたとしよう。私の遺伝子は一、兄弟三人が持つ「私の遺伝子」は二分の一の三倍で一・五である。私が死んで兄弟三人が生き残り子供をつくれば、その子供のなかに「私の遺伝子」がより多く残るという計算になる！……？　このケースは、私が死ぬのが倫理的に正しい。

兄弟二人と歩いていた場合は、両方とも一だからどちらでもよい。もし、兄弟や子供でなく赤の他人だったら、私の遺伝子を共有していることはまずないから何百人でも犠牲にしてかまわない。いや、犠牲にしなければ「人の道」にはずれることになる。川で溺れている他人の子供を助けようとして、自分を危険にさらしてはならないのである。

科学的ブラックユーモアとしては、なかなか良くできた話である。ところが、社会生物学者はけっこう真面目にこんなことを考えているのだから恐ろしい。ウィルソンの本の第一章は「遺伝子の倫理」という表題である。遺伝子の「論理」ではない。そして、最終の第二七章は、この学説を人間に適用すればどうなるかという話でうずめられている。

倫理や道徳は時代とともに変わってきた。早い話、一九四五年（昭和二〇年）の敗戦と同時に道徳は一八〇度転換し、中学二年生だった私は大いにとまどった。君に忠義を尽くせ、が、一夜にして民主主義万歳になってしまったからである。

もし時代や社会形態に関係のない絶対に正しい倫理があれば、あれこれ悩むことがなくなって、こんな楽なことはないだろう。

利己性を最大限に発揮した遺伝子が生き残り繁栄している。人間は自己の遺伝子をできるだけたくさん残すべく大いに利己性を発揮しなければならない。人を陥れて自分が出世する。それこそが「科学的倫理」なのである。

この論理は、現代資本主義社会の競争原理と、まさに見事に一致している。私たちが現在、ゆりかごから墓場まで駆り立てられているきびしい競争は、三〇億年前に発生した「生命」そのものの持つ性格であったのか。

社会における競争の勝者にとって、これほど都合の良い倫理はない。同時に、何をやってもうまくいかないドジな人間にとって、これほど冷酷な道徳はない。

ところが、生物の世界は、単純思考の人間の考えをはるかに超えて、複雑多様な存在のようである。利己的遺伝子一本で説明しきれるようなものではないらしい。一つの理論を立てて、それを支持する例を集めようと思ったらいくらでも集められる。でも、その反対の理論を支持する例もまた、いくらでも見つけることができるというのが生物の世界なのである。一つの統一理論ですべての生物をおおうことは、現在のところ少々無理だと思われる。

わがヒキガエルは、少なくとも私が調べたかぎりでは、ドジ人間の味方である。戦略を持たず、早々に淘汰されてしかるべきなのに、ヒキガエルはたくましく生き残り繁栄しているではないか。

親と子の断絶——ヒキガエルの空想的社会機構

三つの謎

お互いにまったく無関心な個人主義者——利己主義者ではない——の集まりであるヒキガエルの社会は、それなら何の組織も構造もないのだろうか？　ヒキガエルだって一つの種として存続しているかぎり、まったくの無組織・無構造のばらばらなものとも思えない。長年調べてきて、少しは愛着もあるから、思いたくない。

そこで、自分自身がほとんど信用していないという、「ヒキガエル社会の構成原理」をひねり出してみた。お話として読んでみてほしい。

それは、ヒキガエルの生活のなかに見られた三つの謎をめぐって展開していく。

第一の謎は、私が見つけた夏眠である。七月半ば、最低気温が連日二〇度を越えるようになるとヒキガエルの活動性はぐっと低下し、夏眠に入る。しかし、変温動物であるヒキガエルは、冬に動けなくなるのは当然としても、二〇〜三〇度もあればかえって活動性が高まってもよいのではないだろうか。しかるになぜ寝てしまうのか?

第二の謎は、繁殖の時期である。彼らは春早く、最低気温が〇度を越えるとすぐ出てきて繁殖を始める。あられやみぞれに打たれて凍えながらも、メスに抱きついてはなさないオスを見ていると、もうひと月も待てば楽しく繁殖できるのに、といつも思っていた。その上、せっかく産みつけた卵が凍死してしまうことさえ珍しくない。そして、繁殖が終わるとまたねぐらへ帰って春眠し、春の活動を始めるのはさらに半月後のことになる。つまり、三月終わりから四月初めの気象条件は、本来ヒキガエルにとって活動に不適なのであり、彼らはずいぶん無理をして出てきているのである。

第三の謎は、彼らが成長するにつれて、次第に池から遠い周辺部へ移っていくことである。

成熟したのちに彼らは必ず、年に一度は池へ繁殖に出向かねばならぬ。池の近くに居すわっていたほうが便利ではないか。本丸南側の崖下まで下りたカエルは、毎年、二段の石垣と二段の崖、合わせて三五メートルもの高さをよじ登らねばならない。私にとってもそうだったが、怠け者のヒキガエルにとっては相当な重労働にちがいない。

子供に気づかれぬうちに

私がこの「理論」を考えついたのは、一九七四年の初めての繁殖調査の時、たくさんの未成熟個体、早く言えば子供が、繁殖場所に現われたことにある。子供のうち数匹は、メスを求めて血迷っているオスに、がっちりと抱きしめられていた。大人のメスでもしめ殺してしまう腕力である。子供は息も絶えだえになっていた。子供はリリース・コールを出さないから、当分はなしてもらえそうにない。

暖かくなった四月下旬に、もし繁殖が行なわれるとすれば、採食に出てきている子供は、片端からオスに捕まり、何匹もしめ殺されることになるだろう。なるほど、ヒキガエルの親が、まだ寒い四月初旬に繁殖を強行するのは、子供が寝ている間にことをすませる親心であったのか、と私は納得した。

もっとも、ヒキガエルがあまりにも早く繁殖する原因については、他にもいくつかの説がある。その一つ、四月初めに産みつけられた卵は二か月のオタマジャクシ期間ののち、ちょうど梅雨の始まる六月初旬に上陸できる。変態直後の豆粒のような子ガエルにとって、雨の日が続くか続かないかは死活の問題であり、もしひと月ずれて七月になると、すぐに梅雨があけて真夏の太陽に照りつけられることになる。

これもなかなか説得力のある説だが、梅雨は七月中旬まで続くから、半月くらいなら繁殖をおくらせることもできよう。

真相はこうしてよくわからないのだが、私としては、子供が寝ているうちに諸手続きをすませ、間違って子供に害を与えないように配慮している親心ということにしておきたい。

間違って食べないように

親たちがまだ寒いのに無理をして卵を産んでくれたおかげで、子ガエルたちは六月初旬に上陸し、雨が降る度に池から遠くへ散らばっていく。夏の乾燥は、彼らにとって最初の、そして一生のうちで最大の試練であり、その大半は夏の間に倒れていく。しかし、同時に夏は、彼らにとって重要な成長の時期であり、体長七～八ミリで出発した彼らは、秋になると三〇ミリの立派な若ガエルに育つ。体長で四、五倍、体重なら一〇〇倍もの成長である。

ところで、ヒキガエルは地上を動くものなら何でも食べる。その食性の幅は広く、アリ、クモ、ゴミムシ、ミミズ、ナメクジ、さらにはカタツムリまで餌とする。もし、上陸したてのヒキガエルの子供が地上をうろうろしていたら、親としての自覚にやや欠ける彼らは、自分の子供でも遠慮はしないだろう。

もっとも、ヒキガエルの親が子を食べたという実例は、私も見たことはないし、ほとんど報告されていない。

私が見つけた唯一の例は、前に紹介したことのある、台湾糖業試験所の技師、高野・飯島両氏のオオヒキガエルについての研究報告である。このなかに、ヒキガエルの共食い実験があった。

箱のなかに、小さなカエルと大きなカエルを入れる。上陸後まもない体長一〇ミリの子ガエル一〇匹を、体長二〇〜三〇ミリの若ガエルと共存させると、一夜にして子ガエルは全部食べられてしまったという。体長差が二倍以上あると、共食いは常に起こるらしい。ただし、三〇ミリ以上になると、どんなに大きい親ガエルにも食べられなくなるそうである。

ヒキガエルの子供は、秋になると平均三〇ミリに達しているから、親や兄や姉に食べられる危険のあるのは夏の間だけである。そして、その夏の間だけ、親や兄や姉は夏眠していて出歩かない。

ちょっと話がうまくできすぎていて、私自身信じがたいのだけれど、間違って子供を食べることのないように、親や兄や姉は夏の間寝ている、という考えはどうだろうか。「親はなくとも子は育つ」ということわざがあるが、ヒキガエルの世界では「親がなくてこそ子は育つ」と言わなくてはなるまい。

親は遠くへ

ヒキガエルは、第四章で述べたように、中心部の池の周りには小さい個体が多く、成長するにつれて周辺部へ移っていく傾向がある。これもまた、大きい個体と小さい個体が日常あまり顔を合わさないようにする一種の隔離機構ではないかとも考えられる。ただしこれは、ちょっと考えすぎであるかも知れない。三〇ミリを越えたヒキガエルはもはや食べられる危険はないから、大ガエルと一緒にいても大丈夫だし、上陸したての子ガエルは三〇ミリの兄や姉にも食べられるのだから、大きな親だけ周辺部に移ってもあまり意味はなさそうである。ただ、オスは七月ごろから二次性徴を表わし始め、秋にははっきりオスになるから、季節外れの抱接を避ける意味はあるかも知れない。一度だけだが、季節外れに抱接していたつがいを見たことがある。

ヒキガエルの世界には、共食いや抱き殺しを避けるために、親と子、兄と弟、姉と妹を、なるべく隔離しようとする機構が働いているように見える。これがもし事実なら、なわばりや順位、あるいは繁殖戦略といった競争的な制度とは異質な、ヒキガエルらしい社会機構が存在すると言えそうなのだが。

障害のあるカエル

恐怖の三歳児

五体満足の元気な人には、身体の不自由な老人や障害者の感じ方は、なかなかわからないものである。私もそうだった。その私が一度だけ、身体が不自由であることの恐怖を身にしみて体験したことがある。

それは、胃潰瘍で胃の三分の二を切り取られた二日後のことであった。手術当日とそのつぎの日は痛さにうなっていただけだったのに、二日目になってちょっと痛さがうすらぐと、手術後いちばん早くベッドから下りて歩くという新記録をつくってやろうという気を起こした。こんな時でも「業績主義」は直らないものらしい。私は、痛む傷口をおさえながらベッドから下り、トイレへ行くべく病室を出た。その時、向こうから三歳くらいの子供が走ってきたのである。

「あの子にぶつかられたら、傷口がまた開いてしまう!」

私は三歳の子供に心の底から恐怖を覚え、思わず廊下の手すりにしがみついて子供を避けた。駅の階段をよろよろと降りていく老人のすぐそばを、風を切って若者が駆け降りていく。私もやっていた。足腰の弱っている老人にとっては、若者が巻き起こす風だけでも恐怖であるにちがいない。私は、三歳の子供に脅かされてから、電車やバスの出入り口でもたもたしている老人がいても、いらいらせずに、いや、いらいらしながら、ゆっくり待つように心がけている。もっとも、私自身が待ってもらう年齢に、そろそろ近づいてきているのだが。

案外多い障害のあるカエル

そんな経験をしたせいか、調査中、身体のどこかに障害のあるカエルが気になり、できるだけ記録するようにしてきた。個体識別のためとはいえ、見つけたカエルすべての指を切り、障害ガエルの大量生産をやってきたという、うしろめたさも働いていたのかも知れない。

それはともかく、私が本丸跡で見つけた何らかの障害を持つカエルは三三匹であった。これは調査個体数一五二六匹の二・二%にあたる。私の家の近くにあるアズマヒキガエルの繁殖池で調べた結果は、三九八匹中四匹で、一%と低かった。ただしこの場合は、繁殖に集まってきた成体だけの調査であり、成熟前に死んだものははいっていないので、それを勘定にいれると同じくらいと見てよいだろう。

カエルの研究者はどういうわけか障害ガエルが気になるらしく、外国でもいくつか報告がある。アメリカのクラークは、フォーラーズ・トウドというヒキガエルの一種で八％もの高率で障害個体が見つかったことを報告している。同じくアメリカのボジャートは、ヒキガエルの一種ブフォ・テレストリス二〇〇匹中前足一本欠けた二匹と右眼失明一匹の計三匹（一・五％）の障害個体を発見している。もっと軽度な障害個体もいれると、率は相当高まるだろう。ヒキガエルではないが、アメリカのジェイムソンが調べたシルフォフス・マルニーキというカエルでは、八〇〇匹中たった四匹ということで、わずか〇・五％という低率であった。

これらの結果を見るとカエルの世界では、何らかの障害を持つ個体は一～二％の率で常に存在しているようである。

障害の具体例

最も軽い障害は、指切れである。一本失っていたのが一二匹、前足各二本ずつ四本もなくしていたのが一匹いた。また、四匹は後足のいずれかの指五本全部をなくしていた。合わせて一七匹は、全障害個体の半分を占める。

指を何本か失った程度の障害では、生活に大した支障はないと思われる。そう思わなければ、私のほうに支障が出る。何しろ私は、手にかけた一五二六匹のヒキガエルすべての指を切り、みんな障害個体にしてしまったのだから。

指が曲がったり、平たくなっていたりなど、変形異常が五匹に見つかっている。うち一匹は、二本の指が癒合して一本になっていた。私が切った指も、三年四年と経つうちに再生してくることがあるが、時にはこのような異常な形になることがある。一例だが、一本の切口から二本の指が再生してきて、驚いたことがあった。自然での指の異常の多くも、切れた指の再生によるものだろう。

手首の横から余計な突起が発達し、手首が内側に曲がってしまう異常が二例見つかっている。ヒキガエルは餌を食べる時、前足を補助的に使うことがあるが、この前足では使いにくかっただろう。一匹は、一歳半の初発見時にすでに異常になっていて、三歳一〇六ミリまで追跡できた。もう一匹は、見つけた時すでに一三〇ミリもあった最大級のメスで、抱接・産卵中であった。

後足大腿骨が短く、片足を引きずるように歩く個体が二匹いた。これは他の障害とちがって、おそらく先天的な異常であろう。一匹は繁殖に参加していた一一三ミリのオスだったがその後姿を消し、出会いは一回にとどまった。もう一匹は一歳半八七ミリで見つけ、二歳春に一〇四ミリまで成長した。二歳春の平均体長は九五ミリだから、足を引きずりながらも平均以上に成長したことになる。三歳春、オスとして繁殖に参加したが、その時かぎりでいなくなった。

　手首や足首より先が完全に切断されているという、生活に相当の影響があると考えられる障害個体が四匹いた。右足首のない一匹は、二歳九六ミリまで成長したが、そこでいなくなった。左後足がすねの中ほどから切れていた一匹は、繁殖に参加していたのを見つけた一一〇ミリのオスであったが、その年かぎりで姿を消した。やはり繁殖中に発見した右足首を失っている一匹は、なか一年おいた翌々年にまた繁殖に参加していた。この時の体長は一一五ミリもあり、他の五体満足なオスにまったくひけをとらない大きなカエルになっていた。その後出会うことはなかったが、障害を受けたあと、少なくとも二年間は生存していたことになる。すでに標識ずみの個体がある年突然左手首を失ったというのが、四匹目である。傷口はきれいに治っていたが、二度とは再会できなかった。大きくなってからでも、このような大怪我をすることもあるらしい。

　私の見つけた最大の障害は後足を半ば、あるいは全部を失うという致命的と思われるもので、三匹もいた。第一の例は、一歳半六五ミリで発見した時、すでに左後足のひざから下をなくしていた。しかし、彼——彼女かも知れない——は何とか生きていき、二歳春には八五ミリ、三歳春には九五ミリにまで達した。三歳春の平均体長は一一二ミリだから、成長はかなりおくれている。この個体は、四歳春に死体で見つけた。繁殖には遂に参加しなかった。

後足を失った第二の例は、一歳半八六ミリで見つかった。左足が根元からない個体である。二歳半までの一年間追跡したが、そこで姿を消した。二歳半の体長は一〇五ミリで、平均の一〇〇ミリよりも大きくなっていたのだが。

第三の例が、序章で紹介した三本足のカエル13X0である。その一生は、節を改めて述べよう。

外国の障害ガエル

ついでに、外国の文献に出ていた、重度障害ガエルの例を少し紹介しておこう。

アメリカのクラークは、フォーラーズ・トウドの、前足を一本なくした個体が、わずか二か月余りの間に一三・四ミリから二六・二ミリまで二倍の大きさに成長したと報告している。これは平均成長率よりはるかに高いと、彼はつけ加えている。また、前足一本失ったオスが繁殖コーラスに加わっていたこと――いざ抱接という時には困ったのではなかろうか――、同じく前足が一本ないメスが抱接されていたこと――こちらのほうは支障はない――も、同じ論文のなかに述べている。

フィンランドのハーパネンは、長年月にわたるカエルの行動を追跡している学者であるが、後足の足首から先のないヨーロッパヒキガエルが、二年越しに他の個体に負けることなく移動し、その間一一回も再捕されたと報告している。また、ラナ・テンポラリアとラナ・アルバリス（ともにトノサマガエルの仲間）でも、後足首や大腿部から先のないカエルが、他の個体とまったく変わらぬ移動をしていたとも書いている。

障害ガエルの大部分は、こうした調査の目にふれる前に、人知れず死んでいるのだろう。しかし、発見されたかぎりでは、障害ガエルたちはなかなか健闘していると言えるのではなかろうか。

あるヒキガエルの一生

長い長いヒキガエルの話も、やっと終わりに近づいた。三本足のヒキガエル13X0から始めたのだから、しめくくりにはやはりもう一度登場を願わずばなるまい。といって、彼が障害個体だから取り上げるのではない。13X0は、すべてのヒキガエルを代表するに足る内容を持った一生をおくり、そして、五五回といううずばぬけた再会を通して、私が最もよく知ることのできたヒキガエルだったからである。

13X0は、一九七二年の春に産みつけられた何十万という卵の一つとして孵化した。この年の繁殖は非常に成功したらしい。私の調査はまだ始まっていなかったが、この後一〇年の間、彼の同期生は、その前年の一九七一年生まれの年齢級とともに、本丸ヒキガエル集団の主力を形成し続けたことから、それはわかる。その年の六月初旬、彼は大勢の仲間とともに変態・上陸した。この時すでに左足がなかったのかどうかはわからない。しかし、上陸し暑く乾いた夏をすごす間に九七％が死んでしまうという、その一生のなかで最もきびしい時期を、左足なしで生き抜けたとは考えにくい。彼が左足を失ったのは、おそらく夏を乗りきり、体長三〇ミリの若ガエルになってからのことであろう。

私が彼と初めて出会ったのは、翌一九七三年九月一三日、彼がちょうど一歳半の時であった。足を失った時、おそらく大きく開いたであろう傷口はすでにすっかりふさがっており、跡かたもなかった。だから、その事件が起こったのは、前年秋（〇・五歳）かその年の春（二歳）であった可能性が高い。

初めて見つけた時の体長は八六ミリであった。一歳半の平均体長は八九ミリだから、同期生にそれほど見劣りしてはいない。出会いの場所はH池近くの通路で、本丸跡の中心部である。彼はその後、一生このあたりをはなれなかった。この年の一〇月終わりまでの一か月半の間に、同じ場所で七回も再捕した。体長はその間に六ミリのびて九二ミリになった。

一九七四年の繁殖には、彼は参加していなかった。二歳で繁殖に加わるものも少数いるが、やや成長のおくれていた彼には無理だったのだろう。しかし、四月下旬、春の活動期が始まっても出てこない。やはり三本足では生きていくのが難しかったのか、と思い始めた五月九日、前の年とまったく同じ所に、まったく同じ格好をしてすわっているのを見つけた時は、ほっとした。ただし、その体長は九三ミリしかなく、測定誤差を考えると昨年秋と変わらない。おそらく何かの事情で春がきても活動できず、この日初めて出てきたものだと思われる。

出てくるのはちょっとおくれたがその後は、五月三回、六月四回と、他のカエルの二倍以上も活動している。そして、他のカエルが夏眠にはいる七月に二回、八月にも三回現われて餌を探しており、秋の活動期には五回も私と再会した。結局この年の再捕回数は一七回を数えた。この年の調査回数は四七回だったから、三回に一回は出てきた勘定になる。いつも同じ場所にいて、しかもそこが見つけやすい通路の上だからということもあるが、こんなに捕まったカエルは他にいない。一〇日に一度、それも三〜四時間しか働かないヒキガエルのなかでは、ずばぬけて勤勉な個体と言えよう。左足がないというハンデを、彼はこうして補っていたにちがいない。

春の活動期の終わる六月末、彼は一〇五ミリになっていた。二か月足らずの間に一二ミリの成長である。二歳の春の成長量としては平均以上と言ってよい。その上夏眠期にも働いて、秋までにさらに三ミリのびて一〇八ミリの、押しも押されもせぬ一人前のカエルとなった。行動範囲も、前年は五メートルの範囲から出ることはなかったが、この年は三五メートルの範囲を動き回っていた。ヒキガエル平均行動範囲は約四〇メートルだから、これもまたひけはとっていない。

なお、七月に見つけた時、前足がやや太くなり、指に黒い斑点ができているのに気づいた。これはオスの性徴である。八月にはいると、背中から両脇をつまんでやれば、クウッというリリース・コールをあげるようになった。そして、秋にはまぎれもないオスに成熟した。

翌一九七五年の春、三歳を迎えた彼は、私の期待通り繁殖池に現われた。しかも、抱接しているつがいに他の二匹のオスとともにしがみつくという、派手な登場の仕方であった。三歳で繁殖に初参加するというのは、オスとしては平均的であり、彼が順調に成育した証拠となる。

この年、彼はその後六月に一度再捕されただけであった。ただしこれは、彼が勤勉でなくなったのではない。私が勤勉でなくなったためである。この年の初めに胃潰瘍で入院した私は、繁殖期を除くとたった三回しか調査しなかった。そのうち一回に出てきたのだから、出現率としては前年と同じことになる。その一回の出会いの六月、体長はしかし一〇八ミリで、前年秋から成長していなかった。

一九七六年、四歳になった彼は、どういうわけか繁殖に参加しなかった。そればかりでなく、いちおう元気を回復した私がけっこう真面目に調査したのに、六月に二回出会っただけであった。生息地が東へ約五〇メートル移動して見つけにくくなったせいもあるが、六月の再会の時、何となく元気がないのが気になっていた。体長も一昨年秋からまったく成長しておらず、一〇八ミリにとどまっている。四歳と言えば、オスのヒキガエルとしては最も充実した元気な盛りなのだが。

一九七七年、彼は五歳になった。しかし、またしても繁殖にはこなかった。私のほうは、数年来悩まされてきた胃潰瘍を前年末胃袋ごと切り取ってもらい、しばらくは養生していたが、ヒキガエルが産卵を始めた四月になるとすっかり元気をとりもどした。そして、調査面積を三倍に増やしたり、徹夜の調査を何回も続けたりした。「お父さん、ローソクの火は消える直前パッと燃え上がるもんやで」と息子に言われたのもこのころである。この年初めて彼と出会ったのは五月五日で、三年前と同じ一〇八ミリしかなかった。

ところが、彼はその後むかしの勤勉さをとりもどした。五〜六月の間に四回続けて再捕し、一一一ミリと急成長した。行動も昨年にくらべるとやや活発さをとりもどし、生息地も元気だった三歳のころの場所にまたもどっていた（図21）。どうやら彼のほうも二年続きの不調を脱したようである。この生息地の移動は、彼の不調と関連がありそうなのだが、時々捕まえて体長を測っているだけでは、そこまではわからない。

一九七八年の繁殖期、彼はなかなか現われず私をやきもきさせたが、開始後六日目の四月二

●図21——13X0の生涯にわたる生息池

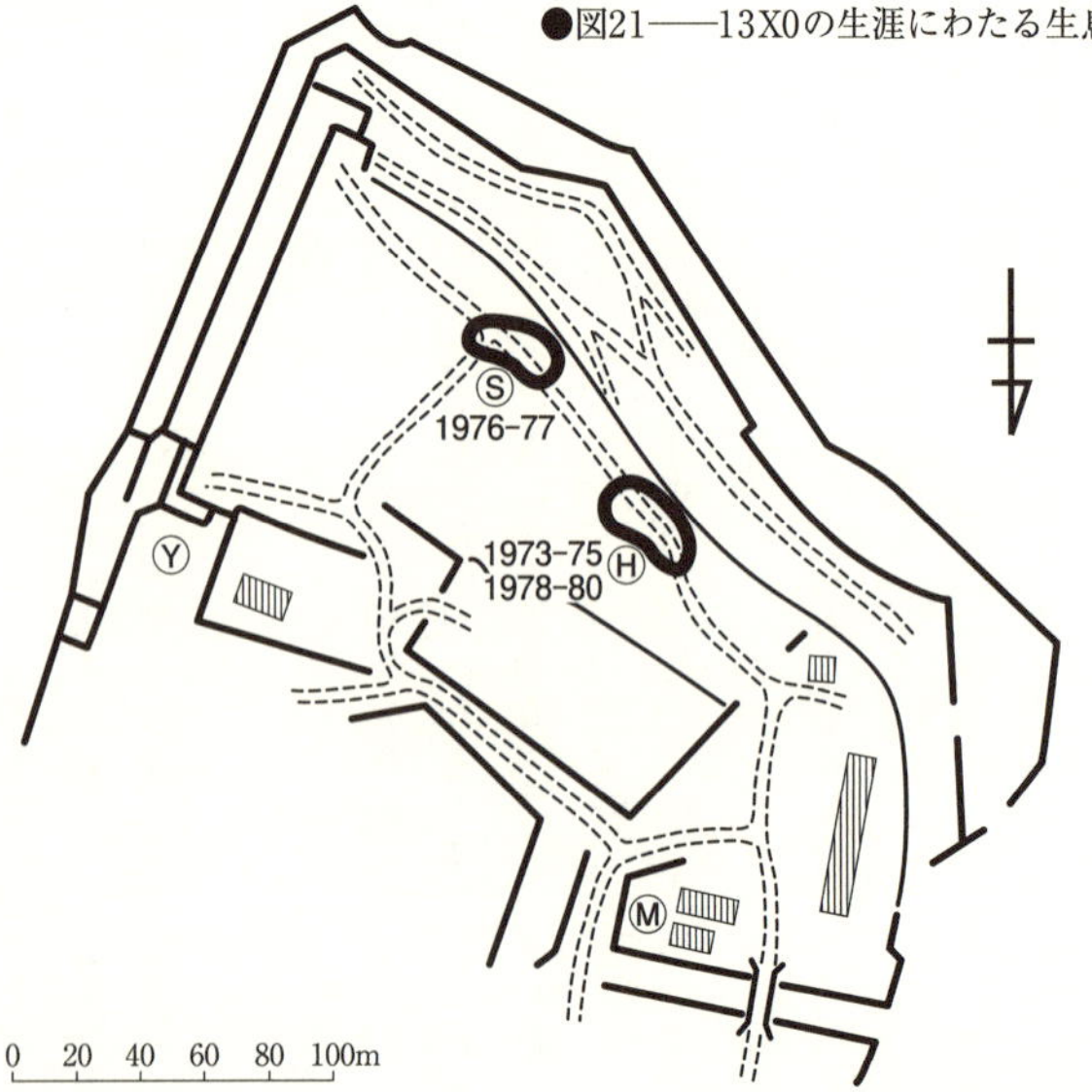

日にやっとやってきた。この年は、繁殖が始まってから寒波がきて二回も中断し、繁殖が終わるまでに一四日間もかかったのだが、彼は最終日まで毎夜出てきて見張りを続けた。でも、メスと出会うことはなかった。彼も六歳、青年期は過ぎて壮年期にはいっている。そろそろあわてなければならない年齢である。

一九七九年は記録的な暖冬で、二月下旬に雪がなくなり、まさかと思いつつ見にいった二月二三日に繁殖が始まってしまった年である。七歳になった彼は、一〇数匹の仲間とともに初日から参加していた。しかし、すぐまた寒くなり、繁殖活動は中断する。あきらめきれぬオスたちは、ちょっと暖かい日には池の周りに出てきていたが、彼も三月一〇日、二四日、三〇日と、冷たいみぞれが降るなかで、くるあてのないメスを待ち続けていた。この年、本格的にメスが出動してきたのは四月一日である。そして、序章で述べた通り、四月二日に、彼はとうとうメスと出会うことができたのである。

おそらく一生に一度のことであろうと思い、私は、池にはいって産卵するまで確かめてやろうと、そのそばに腰を据えてしばらく眺めていたのだが、一向に動く気配がない。たちまち根が尽きてほかを見回りに出かけた間に、どこかへ行ってしまった。一時間後、そこからほんの数メートル池に近づいたところで偶然再発見したが、ともかく順調に池へ向かっていることに満足し、産卵までは確かめなかった。でも、私は無事産卵に成功したと信じている。もっとも、この年もオタマジャクシは全滅したから、彼の子孫は絶えてしまったのだが。

一九八〇年は、彼の最後の年である。満八歳になった彼は、この年の繁殖期一〇日間のうち九日間に出席した。調子の悪かった二年間を除くと、日常の採食活動のみならず、繁殖活動にも彼は真面目に取り組んでいたようである。

この年の繁殖期の終わりの日、四月六日に、見張りに立っている彼を見たのが、最後の出会いとなった。この時の体長は一一四ミリ、八歳春の平均体長一二〇ミリには少し及ばないが、彼の背負っているハンディキャップを思うと、よくここまで成長したと言うべきであろう。

長寿者リスト

毎年記録があり、八年以上生存したオスは一六四、七年以上生存したメスは三匹である。そのリストを最後にあげておきたい（表5）。三本足の13X0以外は、私に指を切られたことを除けば、すべて健常者である。13X0が彼らにまったくひけをとらずに一生をおくったことが、このリストを見れば一目で理解していただけよう。

このような存在は、ふつう「例外的」として重要視されないことになっている。偶然に偶然が重なって長生きしたというわけである。たしかに重度障害個体の多くは比較的早期に消えていき、この例が「例外」であることに間違いはない。ヒキガエル集団の主力は健常者であり、その生活・行動こそがヒキガエルの生態なのである。

といって、それでは例外の存在は何の意味もないのだろうか？　そんなことはない、と私は思う。13X0という例外の存在は、少なくともヒキガエルの社会が、動物社会全般について現在言われているように、激しく容赦のない生存競争の下にはないという事実を、私たちに教えてくれていると言えるのではないか。そうでなければ、左足が根元からないというような障害個体が、「偶然」にでも生き残れるはずはなかろう。

さらに言えば、ヒキガエルのみならず、ほかにもあまりきびしい競争などせず、のんびりと

●表５——長寿者リスト（オス16個体、メス３個体の生活史）

年齢	1	2	3	4	5	6	7	8	9	10	11	生存年数	繁殖回数	抱接回数	最終体長
個体番号（オス）															
4112	—	○	○	—	◎	◎	◎	※	◎	◎	◎	11	7	1	129
		109	108		118	122	122	127	126	128	129				
3221	—	◎	※	—	◎	◎	◎	◎	◎	◎	◎	11	9	1	118
		104	106		108	111	113	115	115	118	117				
4121	—	○	※	◎	—	○	※	※	◎			9	5	3	116
		106	108	110		114	114	114	116						
4433	○	—	◎	—	—	◎	※	※	※			9	5	3	120
	72		112			118	120	119	120						
2142	—	○	○	◎	◎	◎	※	※	◎			9	6	2	117
		102	106	110	111	113	115	117	117						
4253	—	○	※	◎	※	◎	◎	◎	◎			9	7	2	121
		110	112			112	116	118	121						
2132	—	○	◎	—	◎	◎	※	◎	◎			9	6	1	116
		101	108		113	114	114	116	115						
2131	○	○	—	◎	—	◎	—	◎	※			9	4	1	119
	83	91		111		115		117	119						
1134	○	—	—	◎	◎	◎	◎	◎	◎			9	6	0	121
	84			111	118	117	118	117	121						
3311	○	○	—	◎	◎	◎	◎	◎	◎			9	6	0	118
	79	91		103	107	111	114	115	118						
2235	○	○	—	◎	◎	◎	※	※				8	5	2	127
	93	108		118	120	125	127	127							
2401	○	—	◎	○	◎	※	◎	※				8	5	2	123
	84		113	117	119	120	123	123							
13X0	○	○	◎	○	○	◎	※	◎				8	4	1	114
	86	97	108	108	111	111	110	114							
3211	○	○	◎	※	◎	◎	◎	◎				8	6	1	115
	77	85	106	110	113	113	115	115							
4213	○	○	—	◎	○	◎	◎	※				8	4	1	125
	90	106		116	118	117	120	125							
0125	—	◎	—	◎	○	◎	◎	◎				8	5	0	116
		105		106	114	116									
個体番号（メス）															
1412	—	○	○	※	○	※	—	○	※			9	3	3	119
		103	108	110	112	115		119							
4354	○	○	○	◎	※	※	※					7	4	3	115
	66	77	105	109	110	115									
4352	○	○	—	○	○	※	※					7	2	2	117
	83	87		106	117										

—：記録なし、○：生存、◎：繁殖参加、※：抱接・産卵成功。
下段の数字はその年の春の体長を示す。

生活している種もあってよいことになる。一〇年に一度くらいしか見つからないまれな種はたくさんいるが、彼らもほそぼそながら、生き延びていることは確かである。もちろん、激しく競争している種がいてもいけないことはない。それぞれの種はそれぞれの生き方で生きているのだから。

自然に住んでいる生き物は、どうしてこんなにたくさんいるのかと呆れるほど、多種多様である。その上、種がちがえばその生活の仕方、生活様式もまた異なっている。それを、たとえば「競争」といった一つの原理で統一しようとするのが、もともと無理なのである。

しかし、激しい研究競争下にある研究者は、どうしても生き物のなかに競争を見ようとする。その結果、けんかもせず、なわばりもつくらず、のんびりと暮らしている生き物は、調査の対象からはずされ、競争的な種だけが研究される。そして、「生物はすべて激烈な生存競争の下にある」などという結論が導き出されてくることになる。研究者の目からこぼれているのんびりとした生き物は、その気で探せばたくさんいる。おおらかな気持でおおらかな生き物を調べるところから、おおらかな生態学が生まれてくる、と思うのだが、どうだろうか。

(追記) どうぶつ社で、この原稿の編集を担当してくれた伊地知英信氏は、両生類が大好きなナチュラリストで、東京・杉並区の善福寺の池で撮った、抱接中のアズマヒキガエルの写真を送ってきてくれた。メスにしっかりと抱きついているオスの右足は、何と膝から下がすっぽり切れている。三本足のヒキガエルは東京にもいて、ちゃんとメスを捕まえているのである。重度障害ヒキガエルが健常者に負けずに頑張っていることは、どうやら「例外」でも「偶然」でもなく、ヒキガエルの世界ではありふれたことなのかも知れない。

終章　競争なき社会を求めて

教育と研究

この間、廊下で学部長に出会って、こんな会話を交した。

「奥野さん。また著作を執筆中ですか」「いえ。ただ今、思索中です」

執筆中だと言えば、いずれそのうち「著作」を見せなければならなくなる。「思索」は頭のなかでやるものだから、外から見えないところがいい。何も考えていなくても、学部長には覚られない。

大学の、とくに自然系の学部から、「思索」が消えて行きつつある。「実験」と「研究」は花盛りだが。大学に「自己評価」なるものが強制され、その「評価」が「業績」すなわち論文の数によって判定されるものだから、みんな、できるだけ早く確実に論文になる研究と実験に精を出すことになった。「思索」という、なかなか形になって現われてこないようなものに費やす時間は、なくならざるを得ない。

思索とともに、「教育」もまた、大学から消えつつある。もっとも、私は教育ぎらいだから、妙な教育はなくなったほうがいいとは思っている。人間を「教え育てる」などという大それたことが人間にできるはずはないことを、自分の子供を育ててみて身にしみてわかった。子供は育つものであり、育てるものではない。親の役目は、育つ子供の邪魔をしないことである。この点でヒキガエルは進んでいる。もちろん、手助けしてやれればもっと良いと思うが、うっかりやるとたいてい手助けが行き過ぎて、親は育つ子供の邪魔をすることになることが多い。

同様に、大学の先生もまた、育つ学生の邪魔をせず手助けをするのが本来の「教育」だと、私は思っている。

だが、最近の大学の先生の考えはそうではないらしい。「本など読む暇があれば、言われた通り実験せよ」というのが、今の教育である。椅子と机を与えると本を読みたがるから、実験室から椅子を全部取り去ったという実例さえある。大学へ出てきたが最後、一日中立ちっぱなしで実験しなければならないのである。

いやになった学生が大学へ出てこなくなると、「問題児」「転落した学生」「道を踏み外した学生」「転んだ学生」として、「更生の道」がさぐられる。これらは、一九九三年に出版された『金沢大学理学部・教育の現状と展望』という大学の公式文書に、実際に使われている言葉である。この文書は、私のいる金沢大学理学部が総力——ただし私を除いて——を挙げて作った、大学がいかに自らをかえりみながら一所懸命研究と教育にはげんでいるかを文部省に訴えるという、いわゆる大学の「自己点検」文書の第一号である。

自分の興味とちがう研究テーマを与えられ、ほとんど意味のわからない実験をやみくもに強制されては、普通の人間なら、とくに若者なら、いやになるのが当たり前だろう。そういう

「勉学」に嬉々としてはげむ学生のほうが、私には気持が悪い。転落学生、問題児に共感を覚える。彼らは少なくとも、「さぼる」という自分の意志を持っているからである。しかし、「問題児」は「更生」させなければならない。つまり、彼の持っている意志を圧しつぶし、先生の意志を押しつけなければならない。教え育てる「教育」の真髄である。

学習と学問

私は、教育という言葉よりも「学習」という言葉のほうが好きである。学習の語源は、孔子の『論語』の最初に出てくるつぎの一文にある（吉川幸次郎、『論語上』「中国古典選」、朝日新聞社、一九六五年による）。

「子曰《い》わく、学びて時に之れを習う、亦《ま》た説《よろこ》ばしからず乎《や》」

人間は、生活していくための技術を、すべて生後に習得しなければならない宿命を持つ動物である。だから、生きていこうと思えば、どうしても学ばなければならない。学ぶという言葉は、真似るから来ている。先人の真似をするのが、学ぶことである。「時に之れを習う」の「時に」とは、「然るべきとき、英語でいえば timely の意であって、時どき、occasional の意ではない」と、吉川幸次郎氏の解説にある。

本文はこう続く。

「朋《とも》有り遠方より来る、亦た楽しからず乎」

一九六〇年代後半の東大闘争のなかで、中国語文法の学者、文学部藤堂明保教授は学生処分問題に直面し、『論語』を読み直して愕然とされた。

「ではたして、教授が上で学生が下であろうか。私は『論語』を読みなおしてガク然とした。開巻の第一葉に「朋あり遠方より来たる」とあるではないか。封建制の代表のように思われていた孔子が、じつは体制を打破した人間関係を孔子学園の中に創造しようとしていたのだ。彼は教師—学生の関係を朋《とも》としてとらえた。そして「後生、畏《おそ》るべし」と言い、自分は学生より「一日の長あるのみ」と言っている。つまりは師弟関係とは、先輩と後輩との「朋」的な関係だというのである」（藤堂明保、「教授会の少数意見・まぼろしの確認書」・『朝日ジャーナル』、一九六九年三月二日号・三六ページ）

孔子は弟子を「朋」として認識していたというのである。その「朋」とは何か。藤堂教授の分析は続く。

「だが朋とはもちろんべったり一体だというのではない。朋とはもと拜と書き、二連の貝飾りが並んで垂れたさまである。しかし他方ではホウという言葉は、崩壊の崩（二つに割れる）とも同系である。同様に、二つ並んだのを列というが、また二つに割れることをも裂という。排列の排は並ぶ意味だが、排斥の排は二つにおし分けることである。べったり一体ならば分裂はありえない。だから分裂の緊張をつねにはらみつつ、たがいに相手の存在を評価しつつ並存するのが、朋という関係なのである」(同上)
ちなみに言うと、藤堂教授は戦国大名藤堂高虎の子孫だそうで、この文章を書かれてまもなく東大教授を辞し、当時のテレビの人気番組「イレブンＰＭ」に出演されて、漢語の語源の話をされていた。
さて、教官と学生の関係が「朋」であり、その朋は「分裂の緊張をつねにはらみつつ、たがいに相手の存在を評価しつつ並存する」関係にあるのならば、初めの文の「学びて」は、弟子が孔子から学ぶことを指し、「時に之れを習う」は、必要があれば時には孔子も弟子とともに習うことがある、という意味を持っているのではなかろうか。いかに大先生であろうとも、森《しん》羅万象《らばんしょう》ことごとくを知っているわけではない。だから、先生のほうも常に学び習う態度が必要で、弟子と共同して真理を探究しなければならない。ことと次第によっては、弟子に習う必要も出てこよう。あるいは、弟子と「分裂」も辞さない討論になってしまうことだってあるかも知れない。私のように、学生から習ってばかりの先生も問題だが。
学問という言葉は「学び、問う」という意味である。学んだだけでは学問にならず、わからぬところ、意見の違うところは問わなければならない。これは、学生が先生に問うだけではない。先生もまた学生に問うのである。そうでなければ、冬眠中のヒキガエルを掘り出すことはできなかった。

研究と教育は似合った言葉である。そして、学問には学習が似合う。むかしの大学に学問と学習があったとは言わない。もしほんとうに学問があったら、あれほどたわいなく戦争に協力しなかっただろうからである。戦後しばらくの間、私が学生生活をおくっていたころ、戦争への協力の反省から、大学は学問と学習の場を、少なくとも目指そうとはしていた。学生は、あまり学ばなかったが、大いに問うた。だが、今や学問と学習はなくなり、研究と教育が幅をきかすようになっている。ＰＫＯと称して自衛隊が海外に派兵されても、先生はもちろん、学生もまた何も問おうとはしない。自分に関わりはないというような顔をして沈黙している。これはまさに学問の放棄である。

『論語』の開巻第一葉には、さらにつぎの一文が続いている。

「人知らずして慍《いか》らず、亦た君子ならず乎」

吉川幸次郎氏はこう解説する。「自分の勉強が、つねに人から認められるとは限らない。人から知《みと》められないことがあっても、腹を立てない、それでこそ、紳士ではないか」

伝説だと思うが、こんな話がある。明治三八年、日露戦争が終わって日本がロシアに勝利した時、ある大学のある研究室でみんなが興奮して勝利を祝っていた。その時、ある先生がこう言ったというのである。

「なに？　日本は戦争していたのか」

こういう先生も困り者だとは思うが、何とか「人に知って」もらおうと、「自己点検」ならぬ「自己宣伝」に身をやつしている今の大学教官を見ていると、こういう先生に共感を覚えてくる。

競争原理

大学が、なぜこのようなことになってしまったのか、その根底に「競争原理」があると、私は思っている。大学だけではない。日本の社会そのものが、競争原理によってだんだん住みにくくなってきた。その傾向は、ソ連を初めとする社会主義国家が軒並み崩壊し、崩壊しつつあることから、急速に加速されてきたように思う。

資本主義が社会主義に勝利した。それは、資本主義にあって社会主義にない「競争原理」のおかげである。競争こそ社会発展、文明の向上の原動力なのだ。

他人を蹴落とし、自分の利益をはかって、社会の階段を上がっていく。これが人間社会における競争である。その競争は、生物界から引き継いだものだと生物学者は言う。

第六章で少し説明しておいたように、社会生物学者は遺伝子のなかにその根拠があると言う。遺伝子そのものが、他を排除し自己の利益をはかる本質を持つと言うのである。なぜならば、自分より他人の利益をはかるような「利他的遺伝子」は、自分の利益のみをはかる「利己的遺伝子」によって、早々に淘汰されてしまうからである。かくて現在残っている遺伝子は、生物でも人間でも、すべて「利己的遺伝子」であり、競争は避けて通れない。いや、競争こそが生物社会の本性で、それこそが人間も含めた生物の進化の原動力だというわけである。競争がなければ生物は進化せず、人間もまた進歩しない。

競争は、したがって、遺伝子が成立した時、つまり生命の起原と同時に、生物全体の原理として成立したことになる。生物にとってこれ以上起原の古いものはなく、これ以上確固としているものはない。人間も生物の一種であり、遺伝子の支配からまぬかれることはできない。人間社会に競争はつきもので、さらに進化しようと思ったら、競争による弊害には目をつむらなければならぬ。というのが、社会生物学による競争の起原論である。

でも、ほんとうだろうか。

生物界の生存競争

あらゆる生物は生き残るための生存競争を行ない、その結果進化するということを最初に言い出したのは、イギリスのチャールズ・ダーウィンである。彼は『種の起原』（一八五九年）のなかで、こう書いている。

「われわれは（自然）の顔が喜びにかがやいているのをみる。われわれはしばしば、食物がありあまっているのをみる。だがわれわれは、われわれの周囲でのんきにさえずっている鳥がたいてい昆虫や種子をたべて生きており、こうしてたえず生命をほろぼしていることをみない。あるいは、それをわすれている。われわれは、これらの鳴鳥や、その卵や、ひな鳥が、肉食鳥や肉食獣によっていかに多くほろぼされているかを、わすれている。われわれは、いまは食物がありあまるほどでも、めぐりくる年ごとのどの季節でも、そうであるとはきまらないことを、いつも心にとめてはいない」（八杉龍一訳、岩波文庫版、上巻八八ページ）

私も長い間自然の生き物を、といっても魚と蛙だけだが、眺めてきた。しかしダーウィンほどの眼力がなかったせいか、彼らがそんなに激しい生存競争をやっているようには見えなかった。今まさに時と所を得て大いに発展しつつある生物ならそうかも知れない。たとえば、中生代三畳紀からジュラ紀にかけての恐龍だとか、その恐龍が自滅し、広く空いてしまった場所を埋めるべく急速に発展した新生代初めの哺乳類だとか、そういった生き物が激烈な競争を行ない、勝ち抜くことによって、急速に進化してきたことは考えられる。だが、恐龍はすでに滅び、哺乳類もまた、すでに発展の峠を越え次第に衰亡しつつある。両生類にいたっては、その盛期（古生代二畳紀）からすでに三億年近い月日が経っている。今さらあせって進化しようなどとはしていないだろう。むしろ今の地位を保全する、つまりできるだけ長く生き延びることこそ重要なのであって、そういう生物にとっては、競争はかえって害になるかも知れないのである。

ところで、激烈な生存競争によって彼らが得たものは何だったのだろうか。

中生代中期の恐龍、新生代初期の哺乳類は、自然のなかのさまざまな生活の「場所」に、大きさや形を変え適応していった。ただしその時、恐龍あるいは哺乳類としての基本的体制は変えていない。同じ身体のしくみを維持したまま、首を長くするとか尻尾を短くするとか、ごく表面的な形を変えただけなのである。生物学的にはこれを特殊化という。そして、特殊化の行きつく果てには、ユーカリの葉しか食べないコアラだとか、この世のものとは思えぬ尾羽を持つクジャクだとか、これ以上変わりようのない袋小路が待っている。「進」化とか「進」歩という言葉とは全然そぐわない。

私たちの感覚での進化、進歩といえば、たとえば魚が両生類になり、両生類が爬虫類になり、爬虫類が哺乳類になるといった、基本的体制そのもの、身体のしくみそのものの変革をともなう変化であろう。このような基本的体制の向上をともなう進化は、大進化と呼ばれているが、その機構はまだわかっていない。しかし、激烈な生存競争による特殊化という、ダーウィン的進化とは異質のものであることは確かのようである。つまりそれは、競争による進化ではない。

生き物は、自分のおかれた条件によって生き方をいろいろと変えていく。発展のチャンスには壮大な種分化・特殊化によって種数を増やし発展する。その時には激烈な競争も行なわれるのであろう。だが、すべての生活場所を埋めつくせば、適応し特殊化したたくさんの種が、それぞれ生き残りを模索するようになる。だからこそ、古生代以来の古いタイプの生き物がすべて滅びたわけでなく、今でも数多く生き残っているのである。ここでは競争はもはや主題ではない。

あらゆる時代、あらゆる場所、あらゆる生物において、きびしい競争原理が働いているとは、私には思えない。競争に巻き込まれずのんびりと生き延びている生き物はヒキガエルにとどまらないと、私は思っている。

社会観の自然への投影

ところが、人間社会に競争原理が充満し、それが大学にまで押し寄せてくると、研究者は生物の世界に競争原理を見るようになる。いや、競争原理しか見えなくなる。研究者といえども一個の社会人であり、彼が育った社会によって形成された考えにどうしても影響されざるを得ない。

ダーウィンは一八〇九年に生まれた。その成長期とイギリス社会の初期資本主義の発展期とが重なっている。イギリスの第一次産業革命が完成したのは一八三〇年、ちょうどダーウィン二一歳のころであった。若きダーウィンは、知恵と才覚をふりしぼって戦いを挑み、成功したものが大金持になり失敗したものが無一文になっていく、初期資本主義のきわめて「自由」な競争社会を見ながら育ったわけである。それがダーウィンの社会観となり、その社会観を自然界の生物の世界に投影したのが彼の「進化論」であるとも言われている。たとえば、イギリスの碩学バートランド・ラッセルは『西洋哲学史』（一九四六年）のなかで、こう書いている。

「『哲学的急進主義者たち』（ベンサム、ミル（ジョン・ステュアート）など・引用者注）は、過渡期的な学派を成していた。彼らの体系は、それ自身よりも重要であるところの、他の二つの体系を誕生させたのである。すなわちそれは、ダーウィン主義と社会主義とである。ダーウィン主義は、マルサスの人口理論を動植物界の全体に適用したものであって、マルサスの人口論はベンサム一派の唱えた政治学や経済学の、統合的な一部分を成していたのである。いわばダーウィン主義は、成功した資本家にもっとも類似した動物が勝利するような、世界的な自由競争を説くものであった。ダーウィン自身がマルサスの感化を受けていたし、また彼は「哲学的急進主義者たち」の説に一般的に共鳴していたのである」（市井三郎訳、みすず書房、一九六九年、七七二ページ）

ダーウィンですらこうなのだから、われわれ凡人は自然を見る時よほど注意しないと、知らず知らずに持っている自分の社会観を無意識に生物へ投影してしまう恐れがある。だから、激烈な研究競争に勝ち抜き地位を得た研究者が自然の生物のなかに競争を求めるのは、それこそ自然の成り行きというものだろう。競争のないヒキガエルに興味を持つような研究者は、少なくとも大学では、数少ないのである。あまり競争と縁のない種は捨て、激しく競争しているような種ばかり研究していれば、自然界には競争が満ち満ちているという結論が出てくることは当然のことだろう。

私は、競争しない生き物のほうが競争する生き物よりたくさんいるのではないかと思っている。そこで、一〇年に一匹くらいしか見つからない生き物の調査をやれ、などと、学生をそそのかしたりする。そういう生き物がどのようにして生き延びているのかを明らかにすれば、これまでの常識に合わないような新しい原理が見つかるかも知れないではないか。もっとも、一〇年に一匹しか見つからない生き物の研究には、一年に三つも四つも論文が書けないという欠点がある。そんな研究をしていたら業績はまったく上がらず、したがって研究者の地位を得ることは不可能となる。だから、いくらそそのかしても学生はやらない。

自然の生物界にもたしかに競争はある、と私も思う。だがそれは、急速に発展し、種分化しつつある生物群に見られるだけであって、自然界全体を貫く原理であるとは思えない。そして、競争の行きつく先は、ある生活場所に適応しきった特殊化した種の誕生である。

生き物の多くは、競争だけではなく、さまざまな「方策」をめぐらせて、ほそぼそと生き延びているはずである。研究者が人間界の競争から一時身をひいて、覚めた目で自然界を眺めると、そういう現状が見えてくる。

生物界から人間界へ

とはいっても、自然界に競争が充満していようと、みんな仲良く生き延びていようと、どちらでも私はかまわない。私がかまいたくなるのは、そういう自然界の出来事をそのまま人間界に持ち込もうとする態度である。

ダーウィンの生存闘争説はたちまち人間界に持ち込まれ、社会ダーウィン主義としてさまざまな猛威を振るった。このことは、かつて書いたことがあるので詳述はさける（『魚陸に上る――魚から人間までの歴史』、創元社、一九八九年、最終章「動物と人間と……」参照）。ヒトラーのユダヤ人虐殺を頂点とする社会ダーウィン主義は、歴史的にはいちおう清算されたことになっている。だが現代でも社会ダーウィン主義は形を変えて、人間界の競争原理を自然科学的に保証するものとしてもてはやされている。

すでに述べた通り、ダーウィンは人間界の自由競争を投影して、自然界の生存競争を見つけ出した。にもかかわらず、それが純粋に自然界の法則として、また人間界に持ち込まれているのである。自然法則は人間の恣意的な意志から独立したものと信じられている。だから、自然法則としての競争原理は、人間界の競争原理を正当化するのである。これではまるで、不正な金を正当な市場を通すことによってきれいな金にする、マネー・ロンダリングの手法と同じではないか。

人間が動物の子孫であることは間違いない。だが、だから動物だ、と考えなくてもいい。生命自身、元をただせば単なる物質である。生命のない物質から生命が起原した。だからといって、単なる物質と生命とが同じものだと考える人は、いるかも知れないが、ごくわずかだろう。生命の起原直前の高分子物質は、始まりの生命と紙一重である。チンパンジーと人間の差も紙一重である。だが、高分子物質と生命とが違うように、チンパンジーと人間も違っていていいはずである。

人間の身体はたしかに、遺伝子DNAの指図でつくりあげられる。そのおかげで、あらゆる人が人間としての身体を持てるのである。ただし、人間一人一人の性格や行動、いわゆる個性まで遺伝子に決めてもらっているということは、まだ証明されていないし、おそらく証明不可能だろう。

社会生物学では、人間には「多産遺伝子」と「少産遺伝子」があるなどと仮定したりする。人間が生む子供の数は、この二つの遺伝子に支配されているというわけである（リチャード・ドーキンス、『生物＝生存機械論』、日高敏隆・岸由二・羽田節子訳、紀伊國屋書店、一八一〜一八五ページ参照。この本はのちに『利己的な遺伝子』と改題された）。今からたった五〇年前、私が子供のころは、日本人は多産であった。そのころの日本人の大多数は「多産遺伝子」の所有者であったことになる。ところが今や、成人女性一人あたりの生涯出産数が一・五を切るという世界一の少産国になっている。遺伝子は「淘汰」によってしか増減しない。多産遺伝子を持っていた大多数の日本人は、ここ五〇年のうちに「淘汰」されてしまったのだろうか。

仮にそんな遺伝子があるとしても――私はないと思っているが――、人間は自分の都合で子供の数を決めるのだから遺伝子に支配されることはない。むかしの日本では、子供は賃金のいらない労働者であった。今でも南の諸国の多くはそうなっている。だから多産なのである。今の日本では、子供の半分くらいが大学へ進学し、二〇歳を過ぎても親のすねをかじっている。大学院などへ行かれると、三〇歳近くまで養わなければならない。そんな子供を五、六人もつくれば、破産することは間違いない。そこで「多産遺伝子」の要求をおさえつけて少産になっただけのことである。

人間の「本性」は、遺伝子では決まらない。人間は、身体の外に道具を作りだし、その道具（カナヅチから資本まで）を介して社会を作った。その結果、動物界から抜け出してしまったのである。良くも悪くも、人間社会は人間が考えて作らなくてはならないことになった。生後の学習にすべてを頼る人間は、遺伝子をあてにすることができなくなってしまったのである。生物の「遺伝子が存在を決定する」のが生物なら、「存在が遺伝子を決定する」のが人間だと言えるのかも知れない。

生き物の世界がどうなっていようと、人間は、人間としてどう生きていけばいいかを考えればいいのである。生物界がこうだから人間もこうでなければならない、という考えは根本から間違っている。競争を誉めたたえる人は、人間としての自分の責任で誉めたたえてほしい。生物に責任を転嫁しないでほしいのである。

個体差と能力

ヒキガエルにも個体差というものがあった。人間にももちろんある。そしてそれは極端に大きい。

人間は、生まれ（遺伝子）と育ち（環境）によって、一人一人違ってくる。背の高いものもいれば低いものもいる。足の速いものもいれば遅いものもいる。力の強いものもいれば弱いものもいる。これが個体差である。個体差は、しかし、それだけでは社会的にほとんど意味を持たない。それが「能力」として、社会から「評価」されて初めて意味を持つ。

一メートル八四センチという長身の学生がいた。彼は、大学生協の書籍部で大いに評価された。踏台を使わずに最上段の本棚から本をとることができたからである。つまり彼は、背が高いという「能力」を生協書籍部から、文字通り「高く」評価されたことになる。私の先輩にすごく早口の人がいた。彼は、学会の研究発表の制限時間内に他の人の二、三倍の内容をしゃべることができた。これもまた、研究者としては高く評価される能力の一つであろう。走るのが速い、力が強いなどという個体差も、武器が未発達な時代には戦争において高く評価され、すぐれた能力となった。現在この能力は、オリンピックで〇・〇一秒というような、私には無意味だとしか思えない時間差を争って、世界的に表彰されたりしている。

ところで、評価には何らかの基準が必要である。書籍部では有能だった背の高さも、戦場では弾丸に当たる確率が高くなる。寡黙が美徳とされた古代ギリシャのスパルタでは、早口男は軽蔑の対象にしかならなかっただろう。

現代の社会でいちばん珍重されている能力は、一流大学へ入学できる「学力」であろう。全国の子供たちは小学校へ上がる以前から、この学力競争にさらされている。

大学の入学試験に合格する能力である「学力」とは何だろうか。

中学校、高校、塾の先生の教えることを、寸分も疑わず素直に全部覚えるのが、大学受験成功の秘訣である。学力はだから「素直な」記憶力と置き換えてもよい。もちろん、記憶することは人間の重要な能力の一つではある。だが、同じ記憶といっても、実はまったく違った二つのことがごっちゃにされている。中味を理解せずに覚える丸暗記と、理解して覚えるほんとうの記憶である。

「論語読みの論語知らず」という言葉がある。むかし寺子屋などで『論語』を教える時、小さな子供に暗唱させた。それで、『論語』は暗唱できてもその意味は知らないという結果になった。藤堂明保東大教授ですら、学生が叛乱を起こして攻めてくるまで、「論語読みの論語知らず」だったのである。私も小学校の時、「教育勅語」なるものを暗唱させられ、今でもだいたい覚えている。「父母ニ孝ニ兄弟《けいてい》ニ友ニ夫婦相和シ朋友相信シ」などはわかるが、「恭倹《きょうけん》己レヲ持シ」とか「徳器ヲ成就シ」とか「拳々服膺《けんけんふくよう》シテ」とかいうところは、意味がさっぱりわからなかった。実は今でもわからない。辞書でもひいて調べたらわかるはずだが、そんなことする気はない。

丸暗記教育がすべて不要だというのではない。子供の時に覚えた文章を大きくなってから意味を調べて、そういうことだったのか、と感激するのもいいことである。だが、大人が子供に丸暗記させたい文章や知識は、私の「教育勅語」のように、のちになって思い出して、腹が立つことはあっても感激することはないようなものが多い。受験勉強で覚えた知識が今どうなっているかを考えれば、たいていの人はわかるはずである。

人間は、言葉になった知識でものを考える。アメリカへ留学にいった私の友人は日本へ帰ってきて、「アメリカにいると、思想が貧困になる」と嘆いた。アメリカの機械文明を批判したわけではない。アメリカ人と英語で議論する時、日本語で考えて英語に直していたら間に合わない。初めから英語で考えようとすると、日本語にくらべて英語の語彙がどうしても貧弱だから、思想まで貧弱になってしまうというのである。彼は、私と違って、英語の本の斜め読みができるほど英語は達者なのだが、それでもそうなってしまうらしい。だから、言葉で知識を覚えることは、考える上でも基本である。

ただしその知識は、意味、内容を理解しつつ覚えたものでなければ思想には役立たない。そして、意味、内容を理解するには、先生の言うことを疑うことなく丸暗記しているのでは駄目で、先生の教えることをまず疑って問いかけなければならないのである。ここから問答が始まり、知識の意味と内容が明らかにされていく。学問の始まりである。

しかし、何でも疑い、自分で考え、先生に質問をぶつけ、理解しつつ記憶していこうと試みる生徒は、大学受験に関しては、先生の言うことを何の疑いもなく丸暗記する生徒に負けることになっている。こうして大学へはいってきた学生には、ものを考える能力があまりない。言われたことを素直にやる「能力」はたしかに、私の学生の時にくらべたら抜群に高くなっているが。これを、自然淘汰ならぬ「試験淘汰」という。何かの間違いで淘汰をくぐり抜けたのか、その「能力」に欠ける学生もたまにはいるが。

個体差を能力に認定するには評価が必要で、評価には基準がいる。現在もてはやされている学力の評価基準は何か。親や先生など、上の人の教えを素直に守り、疑わずに知識を丸暗記することである。受験競争とは、丸暗記力に優れた素直な良い子を目指す競争に過ぎない。そういう子供や学生が増えると、支配する側にとっては都合がいいには違いない。戦争中の私の子供時代のように、偉い人が「右むけぇ、右！」と言えば、みんな右を向くのだから。

もっとも、素直な良い子が一流大学を出て支配層にはいり、何でも疑い自分でものを考える悪い子が社会の底層に増えてくるというのは、最後には社会不安定のもとにはなる。上より下のほうが「賢い」社会は、あまり長続きするとは思えない。世界に誇る日本の高級官僚も、最近ほころびが目立ちはじめている。そろそろ効果が現われてきたのではないかと、私はひそかに考えている。

学力とは、ほんとうは、単なる暗記力ではなくて、学問をする力のはずである。学問を、学び問いながら真理を深く追求していくという孔子の『論語』の意味でとらえれば、これはたしかに人間にとってそうとう重要な能力と思われる。

しかしそれでも、それは人間の能力の一部であって全部ではない。一〇〇メートル九秒で走った人と、学問の蘊蓄《うんちく》をためこんだ人と、どちらが人間として偉いかと聞かれても、答えようがない。スポーツに一生を賭けようという人なら前者にあこがれるだろうし、学者になりたいと思う人なら後者を尊敬するだろう。

人間としての能力などというものは本来存在しない。存在するのは個体差である。そして、それぞれの個人が自分の意志でその個体差を伸ばしていく。それこそが真の自由ではなかろうか。

向上の精神

前の戦争に負けた時、日本人の生活はひどい状態におちいった。そこへアメリカ占領軍がやってきて、みんなが自家用車を持つという文明生活の見本を見せてくれた。「あんな生活をしたい」ということが、戦後の日本人の努力目標になったことは確かである。そして四〇数年、日本はその目標を達した。私でさえ車を持ち乗り回しているのだから間違いない。

財貨を大量に生産し、生活水準を上げていくのに、人間の欲望を動機とする資本主義的生産機構ほど能率的なものはない。金銭的欲望を否定した社会主義ソ連はスターリン勲章を乱発したが、生産ではアメリカに負けた。

資本主義社会では、能力を発揮したものには報酬が与えられる。経営の才能があれば会社をおこし大もうけする。「学力」あるものは一流企業の重役や高級官僚になって、上流社会にはいれる。スポーツの能力があればプロ選手として高給をとれる。そういった報酬を与えることによって、能力あるものにますます能力を発揮させればさせるほど、社会自体が発展するわけである。これが競争原理の存在意義だろう。そしてそれが自由主義だというわけである。

能力評価とは関係なく、個体差を伸ばす自由のほうは、どうだろうか。個体差、つまり自分の特徴を生かして何かの仕事をする。それが社会の基準に合わなければ評価はされない。社会から能力とは認められないのである。したがって、報酬はやってこない。自己満足はやってくるが。

しかし、人間本来の自由とは、報酬を求めることではないのではなかろうか。逆に、報酬によってほんとうの自由が奪われることはけっこう多い。ほんとうに好きなことは、それによって金を稼ぐ仕事にしないほうがいい。大学にも、ごくわずかだが、ほんとうに研究の好きな人がいて楽しみながら研究をしている。そういう人に限って出世せず、定年まで助手に止まっていたりする。一方、助教授、教授になっていく人の大半は、研究が好きなのではなく出世が好きな人のようである。つまり、本来楽しむべき好きなことを出世の道具として使っているのである。こうなると、好きなことをやってるとは思えない。

発展期の生物群は、ダーウィン流の生存競争にはげみ、数多くの種に分化していく。ここでも競争原理は発展と結びついている。しかし、永久に発展を続けることは不可能である。発展の極に達し、自然のなかのあらゆる生活場所へ特殊化しながらはまり込み埋めつくしてしまうと、停滞が訪れる。そして、最後は恐龍のように、滅びてしまうのである。

戦後日本の発展も、そろそろ極限を迎えているようである。それを、さらなる競争激化によってさらに発展しようとする動きが盛んだが、私はむしろ、いかにうまく停滞するかを考えたほうがいいと思う。もっともそれは、資本主義社会の最も苦手とすることなのだが。

ヒキガエル的精神

私は実をいうと人一倍せっかちなほうである。のろのろ運転のおじいさんの車にいらいらし、自分もそろそろおじいさんになっていることを忘れて、時には黄色のセンターラインをはみ出して追い越したりする。相手がのんびりしたヒキガエルなのだから、こちらものんびり調査すればいいものを、自分でも呆れるほど根をつめて毎夜本丸跡に通う。教室会議が解散され教授独裁が始まり、怒れる学生が連日攻めてくるなかでも、深夜のヒキガエル調査はほとんど欠かさなかった。ずっとのちに、ある教授にその資料を見せたら、「お前はあんな時にも研究していたのか」と叱られた。

したがって、私の精神状況は、ヒキガエル的精神からほど遠い。だからこそ、ヒキガエルの優雅な生活にあこがれるのだろう。ごくまれだが、真にヒキガエル的精神を持った学生がいる。優秀な「能力」を持ちながら、就職して三、四年働くと、あっさり会社を辞め、退職金をふところに世界一周の旅に出たりする。とても真似はできないと思いつつ、こういう学生にはあこがれを持つ。

この精神は直りそうにない。だが、私の勤勉さはどうやら向上心とは結びついていなかったようである。単なる勤勉さだけでは競争は起こらない。勤勉さが向上心に結びついたところで、競争が始まる。そして競争が始まると、三本足のヒキガエルは生きていけなくなるのである。

三本足のヒキガエルがのんびりと生きていけるような社会はできないものだろうか。

旧版のあとがき

初めて金沢城の本丸跡に足を踏み入れてから、二〇年も経ってしまった。ヒキガエルの調査を終えてからでも、一〇数年になる。その結果を今ごろになって本として出すのは、「古証文の出し遅れ」みたいなもので、少々気恥ずかしい気持がしないでもない。

最初に書いた本がいちばん優れている、という説がある。内容的に未熟であっても、若さと情熱があり、そして主張がはっきりしているからだそうである。生まれて初めて本を書くという緊張感がそうさせるのだろう。

私の最初の本は、『磯魚の生態学』（創元新書、一九七一年）だったが、読み返してみるとたしかに、今の私にはないような、勢いというものが感じられる。今度の本は、今の私の年齢にふさわしく、くどさと、そしていやらしさが現われているようである。もっとも、ギラギラしたところがなくなり、淡白にはなっている。年齢をとったおかげというか、「報い」というべきか。

その『磯魚の生態学』を出したとき、おもしろかったとわざわざ訪ねてきてくれた高校生がいた。彼はその後、水産学への道を志したが、病気で挫折し、今は兵庫県の加古川で、デザイン事務所を開いている。彼は私の話を聞いて、自ら「三本足のヒキガエル」を自称した。この本の図や挿絵を描いてくれたのは、彼、樽本龍三郎君である。実はもっとたくさん、「ヒキガエル百態」といったものを描いてもらうつもりだったのだが、肝心なときに病気で入院したり、阪神大震災の余波で家が壊れたりして、間に合わなくなったのは残念である。

実を言えば、この原稿を書き上げたのは、数年前である。何となくぐずぐずしている私に、出版を「強要」したのは、どうぶつ社の編集者、伊地知英信君だった。伊地知君はカエル好きのナチュラリストで、毎年、住居近くの善福寺の池でヒキガエルの繁殖を観察しているらしい。私の原稿に対する指摘は専門の学者よりも鋭く、たじたじとなったこともしばしばあった。好きで調べているナチュラリストは恐ろしい。この本が何とか出版にこぎつけたのは、ひとえに伊地知君のおかげと言っても過言ではない。心からお礼申し上げる。

この本の元となった資料は、『日本生態学会誌』に掲載された次の14編の論文である。

「ニホンヒキガエル *Bufo japonicus japonicus* の自然誌的研究」

		巻	ページ	年
I	生息場所集団とその交流	34	113—121	1984
II	活動性と気象条件の関連	34	217—224	1984
III	活動性の季節変化と終夜変化	34	331—339	1984
IV	変態後の成長と性成熟年令	34	445—455	1984
V	変態後の生残率と寿命	35	93—101	1985
VI	成長にともなう移動と定着	35	263—271	1985
VII	成体の行動圏と移動	35	357—363	1985
VIII	繁殖活動に及ぼす気象の影響	35	527—535	1985
IX	繁殖期における♂の行動	35	621—630	1986
X	抱接と産卵	36	11—18	1986
XI	年令・大きさと♂の抱接成功率	36	87—92	1986
XII	生息場所集団の年令構成と個体数変動	36	153—161	1986
XIII	種内個体間の諸関係	37	75—79	1987
XIV	個体の生活史および障害個体の生存	38	27—34	1988

「平凡社ライブラリー」版へのあとがき

この本の元になった金沢城本丸跡のヒキガエル調査をしたのが一九七〇年代、あれからもう三十年ほど経っている。その調査の結果を『金沢城のヒキガエル――競争なき社会に生きる』として出版してくれたのは「どうぶつ社」の久木亮一社長で、一九九五年のことだった。私が調べたヒキガエルはもちろん、すべて死んでいなくなっているが、調べた私のほうも数年前に現役を退き、今はのんびりと余生を楽しんでいる。

その本がこの度、「平凡社ライブラリー」の一冊として、復刊させてもらえることになった。ほとんど生き物との縁もなくなってしまった今でも、ヒキガエルにはまだ少し愛着が残っている。この本の復活は、私にとってこんなにうれしいことはない。

学会に出席することもなく、その後のヒキガエル研究がどうなっているのかよくは知らない私には、あまり偉そうには言えないのだが、この本に書いたヒキガエルの生活に関して、あまり批判や反論は聞こえてこないので、この復刊では、内容には一切手をつけず、元のままにすることにした。ただ、漢字・仮名づかいの不統一が目立ったので一部訂正した。この点に関し、平凡社校正部のご指摘に深く感謝する。また、文庫というスペースの制約で、旧版を飾っていた樽本龍三郎君の挿絵と若干の図を割愛せざるを得なかった。ここに記して樽本君にお詫び申し上げたい。

旧版を出したとき、的確で好意のこもった書評を『週刊文春』に載せていただいた紀田順一郎さんが、この新版の解説も書いて下さった。一言多い報いで生態学界からは村八分されている私にとって、これほど心強くうれしいことはない。心からお礼申し上げる。

また、復刊にあたり、平凡社編集部の坂下裕明氏にはいろいろお世話になった。パソコンもファックスもない私は、さぞ手間のかかる著者であったに違いない。ここでお礼を申し上げさせていただきたい。

副題にあるように、この本で私はヒキガエルを引き合いにして、当時次第に激しくなり始めていた競争社会を批判した。だが、日本の競争社会化はその後急速に進んでいる。ヒキガエルはやはり、何の歯止めにもならなかったようである。もっとも、競争社会の中で、競争に巻き込まれることなく生き抜いて行く知恵を、ヒキガエルはいくつか教えてくれている。競争の嫌いな方の参考になれば、と願っている。

二〇〇五年一一月

著者

解説——名随筆にして独創的な警醒の書

紀田順一郎

科学者の文章が面白いのは、専門家の目を通じて一般からは思いもかけない事実や観察が示されているからである。さらには、それが社会へのアナロジーや人生への考察におよぶことがあれば、日本人古来のお家芸である随筆に入る。古くは寺田寅彦や中谷宇吉郎、小倉金之助あたりの随筆が思い浮かぶが、さしずめ本書などもそのようなオーソドックスな科学エッセイの系譜に属するものといえよう。

金沢城址の池に棲息する何百匹というヒキガエルの行動観察を主とした本書は、片々たるエッセイではなく、一種の生物ドキュメントといった方が正確かもしれないが、じつはそのような分類にはおさまりきらない、一筋縄ではいかない面白さに富んでいる。

一九七〇年代に神戸の須磨水族館勤務から金沢大学理学部生物学科の教官へと転身した著者は、折からの学園闘争に影響され、日中の研究時間も自由にならない環境下にあったが、そのころ生物学科の学生から金沢城の本丸跡にカエルが出没することを教えられ、出かけてみたところ、とにかく数は多いし、人間が近づいても逃げないので、さしあたりの研究対象としては好適ではないかと思いついた。そのときまで、魚ばかり相手にしてきた著者は、陸上のことはほとんど知らなかったという。『魚《さかな》陸に上る——魚から人間までの歴史』（創元社、一九八九）ほかの著書もあるほど魚の専門家である人が、なぜカエルの研究なのか、という疑問をもつ読者もいようが、当時の生ぐさい教育環境もからんでいたのである。

しかし、そのような研究の細部は傍目から見ると浮世離れしており、そこがまず面白い。たとえばカエルに標識をつけるには、解剖鋏で四肢の指を各一本ずつ切り落とし、その位置を番号がわりにするのだそうだ。ヘッドランプをつけて夜な夜な城内に出没し、カエルの指をパチンパチン切っている図を想像する。なるほど合理的で、これ以外の方法はないだろう。これを九年間も続けているうちに、カエルの知られざる生態がわかってきたというのである。

本書にはヒキガエルのさまざまな生態が、さまざまな角度から記されている。生物学の現況にうとい者でも、そのいくつかが新発見であることがわかる。しかし、私たち門外漢にとって印象が強いのは、やはり繁殖行為についての観察であろう。三歳で成熟し、最高一一歳まで生きるオスのカエルは、毎年池などへやってきて繁殖に参加するわけではない。メスが少ないからだ。

ヒキガエルは極端にメスが少ないので、オスはメスが来そうな道に待ちかまえて抱きつく。

それでも成功するのは十匹に一匹ぐらいである。ちなみにカエルは交尾といわず、抱接というのだそうだが、オスがメスの脇腹をしっかり押さえこむ。周囲のオスが刺激されてか、その上に飛びつく。二匹、三匹と飛びついて、ダンゴ状になることもある。一匹ずつ剝がしていくと、なんと最後の一匹がオスであることもめずらしくない。通常は「オスだよ」という合図に鳴き声をたてるが、これをリリース・コールという。オスから強力な前足で抱きしめられて、腸がはみ出したり、命を落とすことさえある。静かになった池の中に、メスの死体が浮かんでいることもめずらしくない。このためもあって、性比のアンバランスはさらに大きくなるという。自然のメカニズムというものの、ある面でユーモラスな、ある面では無惨な性格が、あらわになる瞬間といえよう。

しかし、このような観察報告に終始せず、もう一つの重要な意図を用意しているところに、本書の真骨頂がある。その繁殖行動をする中に、左後脚のない身障カエルがいたというのである。はじめて見たときは一歳半の子ガエルで、エサをつかまえるにもハンディのあることは明白だった。にもかかわらず健気に生存し続け、毎年何度も再会することができた。出会って六年目、いつもの場所で彼を見つけた。「しかし、何となくようすがちがう。ヘッドランプの光をまっすぐあてると、彼の下にもう一匹のヒキガエルがいるではないか。なんと、彼は遂に彼女を得ることに成功したのだ！」通常の例でも低い確率でしか成功しないのだから、このカエルの場合は奇跡としかいいようがない。

この健気なカエルは翌年も元気な姿を見せていたが、それが彼の姿を目にした最後で、どうやら八歳という平均寿命のあたりで大往生をとげたらしいという。

このような観察をもとに、著者は「生物の世界は、じつはダーウィン以来唱えられてきたような、優勝劣敗の世界だけではなく、その気になって観察すれば、もっとノンビリした環境に悠々適応し、生を全うしている生物も多数いるのではあるまいか。逆に生物の競争を人間自身にもあてはめたりして、競争社会を二重に正当化しているのではあるまいか」という要旨の考え方を述べる。同じ見地から、著者は人間を遺伝子のタイプに支配されるとする社会生物学をも批判する。著者が返す刀で現代日本の過当競争を斬って捨てる姿勢に、拍手を惜しまない読者も多かろう。

近年のように、科学をはじめとする諸分野の専門分化がいっそう進み、知識は詳密になった反面、人間生活の本質に関わる要素はないがしろにされ、一過性の情報ばかりが溢れる時代には、学問や知識の根本に立ち返ることがぜひ必要と思われる。著者にはほかにも『生態学入門――その歴史と現状批判』（創元社、一九七八）、『磯魚の生態学』（創元社、一九九六）、『生態学から見た人と社会――学問と研究についての9話』（創元社、一九九七）などの多くの著作や、ジョージ・ゲイロード・シンプソン『ダーウィン入門――われわれはダーウィンを超えたか』

（どうぶつ社、一九八七）という訳書もあるが、なかでも本書は小さな生命をユーモアと一抹の哀感をもって捉えた名随筆というだけではなく、生命の小宇宙という鏡に現代社会の巨大な矛盾を見事に映し出すねらいを持った、独創的な文明論であり警醒の書といえよう。

（きだ　じゅんいちろう・評論家）

平凡社ライブラリー　564

金沢城《かなざわじょう》のヒキガエル

競争なき社会に生きる

発行日…………2006年1月11日　初版第1刷
2021年12月4日　初版第3刷

著者……………奥野良之助

発行者…………下中美都

発行所…………株式会社平凡社
〒101-0051　東京都千代田区神田神保町3-29
電話　東京(03)3230-6579[編集]
東京(03)3230-6573[営業]
振替　00180-0-29639

印刷・製本 ……中央精版印刷株式会社

装幀……………中垣信夫

ISBN978-4-582-76564-9
NDC分類番号468
B6変型判(16.0cm)　総ページ336

平凡社ホームページ https://www.heibonsha.co.jp/

平凡社ライブラリー　既刊より